专业咖啡师的必修课

究极咖啡

Coffee Courses of lectures

丑小鸭咖啡师训练中心 / 编著

青岛出版集团 | 青岛出版社

推荐序

PREFACE

推荐序 1

当初与Silence相识时，我以为他只是跟寻常的爱喝咖啡的技术男一样，顶多是在家里买了台经典的商用咖啡机而已。没想到他因工作旅居的这些年里，并没有停止学习咖啡知识，而且还积极通过其他国家和地区的资源获得了更多知识，进而系统地加以整合成册，由此可以看出他对咖啡的热情。

在历史上，咖啡的发现是个美妙的意外。经过数百年来的演变，到如今，它已经是许多人生活中不可或缺的饮品。而经过了数百年后，也发展出许多不同的烹调方式，让咖啡得以呈现出不同的风味，也使得我们可以依自己的喜好来选择一杯想要品尝的好咖啡。

冲煮咖啡的技巧与品尝咖啡的能力并不是与生俱来的，而是跟许多事一样，都要通过经验累积和积极学习才能掌握。每个人所冲煮出来的咖啡，也会随着个人经验、主观味觉与学习状况的不同而有差异。但如此一来就会导致咖啡豆无法以稳定的品质呈现出其优质的原味。有鉴于此，Silence通过在其他国家和地区的实际咖啡相关工作中获得经验，学习到国际规则并受到相关专业训练，又经过长时间的实作调整和修正，完成了这本工具书。在我看来，对那些想再进行的专业咖啡师，或是对咖啡研究想更进一步的人而言，这本书将会是不错的选择，同时也会是一个好的开始。

李仲兴

LE BAR COFFEE 老爸咖啡

PREFACE 2

Silence Huang has repeatedly and consistently shown his aptitude for the intricacies of coffee extraction both in his role as Barista Trainer and as a Competitive Barista himself.

The insight and learned knowledge that he has gained over the years have served him well in both Barista Competition judging and in the area of training Baristas.

His skill as a Barista Competition Judge was clearly evident in his ability to capture the detailed & necessary info to accurately score competitors, as well as supporting his score with appropriate comments so as to aid the competitor in advancing their skillset.

This was very apparent in the area of Scoresheet review with Competitiors, which allowed him time to personally interact and explain where the scores originated from and how the competitor could improve, according to the Rules & regulations of the Competition.

For any individuals who are utilizing his Barista training, he can use this knowledge to improve their craft using his accurate and thoughtful insight. His understanding of Competition Rules & Regulations, and how they apply to the Barista craft is of utmost importance when it comes to determining the best path for a Barista & coffee professional to improve their skill.

推荐序 2

不论是作为一个咖啡训练师，还是一名可敬的咖啡师。Silence Huang对理解咖啡错综复杂的原则，有与生俱来的才能。

Silence多年来累积的知识与洞察力，使他在担任咖啡师比赛的评审与训练咖啡师的领域中，都做得很好。

他的技术使他担任咖啡师比赛评审时，不但能够清楚抓出细微并且是必需的资讯来正确地为参赛者评分，同时也会附上适合的评语，以便帮助参赛者提高他们的技术。

对于参赛者来说，评分表的分数是表面上的，Silence会亲自对参赛者解释，根据比赛的规则与条例，评分表上的分数是如何得出来，同时告诉参赛者可以如何改进。

对那些有机会参加他的咖啡师训练中心的人，Silence会用正确并经过反复推敲后的知识，帮助你们提高技术。通过对比赛的规则与条例的了解，你能够找出最好的方式，并将之应用在咖啡师的专业训练上。

Scott Conary

世界咖啡师大赛主审 WBC Head Judg

WCE National Support Committee

Chair, USBC Head Judge Committee

COE Judge

PREFACE 3

As long as I have known Silence, I have admired his relentless tenacity in the pursuit of understanding Specialty Coffee. He has dedicated countless hours cracking the complexities of coffee, and finding the fundamental principles underneath. From cupping, roasting, espresso, brewing, and latte art Silence is tireless in his pursuit of understanding how coffee works, and perfecting the techniques that result in a beautiful cup of coffee.

Beyond Silence´s personal dedication to understanding the craft of Specialty Coffee, he has a special gift for developing ways to teach it to his students. Working with him was a pleasure, as he always found ways to make the complex and difficult, simple and comprehend-able for beginners. Silence has developed unique and innovative techniques for teaching the skills necessary to prepare delicious Specialty Coffee.

I hope you enjoy learning from Silence, and his experience as much as I have.

推荐序 3

从我认识 Silence起，我便十分欣赏他对于精品咖啡求知若渴的坚韧态度。他花了大量的时间分析咖啡错综复杂的原理，并找出了其中基本的原则。从杯测、烘豆、浓缩、手冲到拉花，长久以来，Silence始终坚持于了解咖啡，并不断使他的技术更臻完美。

除了Silence对精品咖啡技术的个人奉献之外，他还将这些技术传授给他的学生。与他共事是轻松愉快的，因为他会从复杂且困难的事物中找出简单并能够理解的方式教授给初学者。Silence发展了一套独一无二的教学方式，可以让你轻松学到煮出一杯美味的精品咖啡所需具备的技术。

Silence在精品咖啡方面的经验与我相差无几，我希望大家能够喜欢与他学习。

Dan Streetman

美国咖啡师大赛主审 United States Barista Championship Head Judge

Director of Coffee for Irving Farm Coffee Company

Chair of the Barista Guild of America

contents 目录

· 本书部分词条中英文对照 ·

chapter/ 章；篇章
cupping/ 杯测
espresso/ 意式浓缩咖啡
french press/ 法式滤压壶；法国压
latte art/ 咖啡拉花
tulip/ 郁金香
Rosetta/ 叶子

Chapter 1

基本杯测

杯测的定义 WHAT'S CUPPING

杯测是杯测师用来评断咖啡风味与特性的一种方式，
为了了解每个产区每种咖啡豆之间风味的不同之处与优缺点，
将各种咖啡豆用客观标准化的程序放在一起杯测便有其必要性。
通常，杯测可以找出一种豆子风味上的缺陷、优点与特性，
也可以用共同的杯测报告来作为国际咖啡品质的沟通语言。
就像是吃的东西难免会有个人喜好，
关于咖啡，更会因为产区的不同而产生极大的差异……

就像咖啡的香气是一般人对咖啡的第一印象，
但香气不够或者不明显就不是一杯好咖啡吗？
当然不是。
所以，在杯测所评鉴的项目中，香气只是其中一个要素而已。
为了让杯测更客观，所以采用大家都可以尝得到的
酸（Acidty）
甜（Sweetness）
苦（Bitterness）
来作为主要的评鉴项目。

杯测基本语言与评鉴项目 CUPPING items

干香气 Fragrance
湿香气 Aroma
甜度 Sweetness
酸度 Acidity
风味 Flavor
醇厚度 Body
后韵 After Taste

杯测应用 Applications

冲煮、校正方针
生豆品质评鉴
咖啡沟通语言
烘焙问题检测
配制 Espresso 配方
（意式浓缩）

introduction and work tools to prepare

杯测工具简介与作业准备

杯测汤匙

现在世界各地杯测师所使用的杯测汤匙种类虽稍有不同，但与一般汤匙相比，通常具有一些共同的特点：①一般汤匙深度浅，容纳液体量比较少，不易啜吸，液体雾化面积小，感官鉴定正确率低，较不易鉴定精品咖啡的正面特性。②杯测汤匙深度浅，容纳液体量比较多，易啜吸，液体雾化面积大，感官鉴定正确率高，较易鉴定精品咖啡的正面特性。

杯测杯子

杯测用的杯子一般有玻璃杯和白瓷碗等。

清洗汤匙的杯水

汤匙材质导热快，清洗的水建议用温水，1/3 室温开水和 2/3 热开水，才不会影响咖啡液的温度。

样本咖啡粉

样本的克数是以杯子大小为基准，粉和水的比例为 1 ： 18。

温度计

热开水

杯测的水温在 90 ~ 93℃。

秤

请使用有小数点进位的。

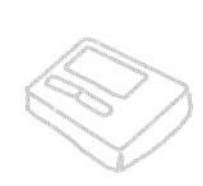

秒表

杯测时间为 4 分钟。

杯测表格

表格可以参考 SCAA 杯测表，也可以制作自己常用的表格。

流程简介

01

将咖啡研磨后放在杯测碗中

02

拿起杯子转动或拍打，闻干香气

03

接着倒入沸腾热开水，静置
分钟

啜吸原理

姿势端正直立，肩膀放松，啜吸时不得耸肩，要利用肚子丹田的吸力

基本啜吸技巧说明

01 每次用杯测匙所舀起咖啡液的量须一致

02 汤匙自然放置于两唇间

03 嘴唇与汤匙呈一细缝后由慢而快自然吸入

04 刚开始可以用水来练习，水的密度比咖啡轻，较易吸入

05 由浅入深往上颚与鼻腔交接处啜吸雾化液体

06 对雾化后的液体，用整个舌面去感受各种项目

啜吸时液体多少会影响吸的力道，当吸的力道不同时，会造成每次感测的位置不同，间接影响到判断

04

时间结束之前，请将鼻子近表面，闻取湿香气

05

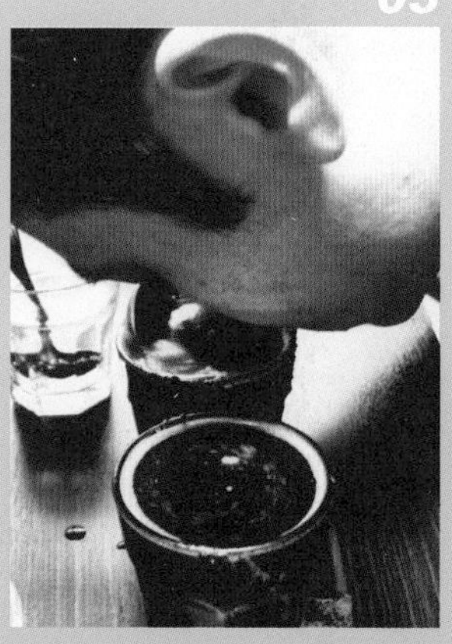

4分钟结束时，用汤匙拨开上层咖啡，拨开瞬间将鼻子贴近表面，闻取破渣时的香气

06

接着请将表面浮渣捞干净

07

用手感受杯子的温度，不烫手时即可进行杯测

啜吸原理

雾化后的液体表面积变大，较容易让味蕾感受到其味道的浓淡与优劣。

雾化后的液体表面积变大，较容易让鼻腔闻到其香气的强弱与优劣。

啜吸时产生金属声时能较精确地分辨精品咖啡的风味，但此动作非必要。

金属声是啜吸到上颚与鼻腔交接处的证明，但不用太过强调啜吸出金属声。

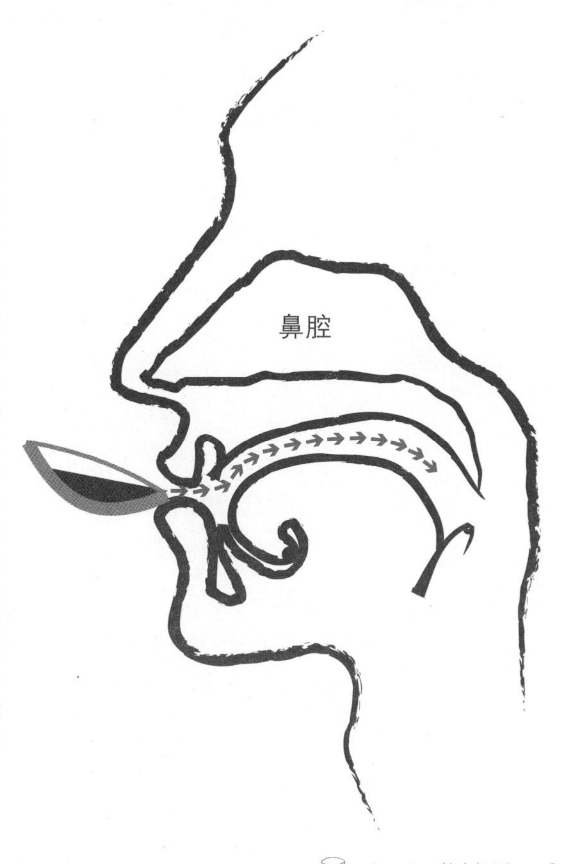

注意事项

杯测时是将所有冲煮咖啡的条件都用相同标准去检测，而杯测也是一种冲泡咖啡的方式。既然是冲泡咖啡，那就必须留意将人为因素可能造成的差异降至最低，以下所列是需要注意的几项要点。

杯测时的咖啡颗粒粗细度以手冲为标准。
如果是使用一般的磨豆机，可以选择三号粗细。
咖啡要是磨得太细的话，
在闷蒸阶段会出现表面掉落的情况；
如果磨得过粗，则在破渣、捞渣完毕后，
会出现咖啡不断往上漂浮的情况。

数量一般是以 5 杯为基准，随着杯测者对样品的了解，
可以将杯测数量调整至 3 ~ 5 杯。
练习初期可以从两种样品开始练习，
让杯测者可以调整流程中所产生的差异，
等到样品差异变小时，再将样品数量慢慢增加。

注水时要控制咖啡颗粒的受水均匀度，
就跟手冲一样，如果可以稳定控制水流，
同一颗咖啡颗粒的萃取度也会相对提高，
如果注完水后发现表层有部分未受水的粉层或颗粒，
那么整杯咖啡的萃取率也会受影响，风味自然不会完整。

破渣的目的在于获取破开表面时沉积在渣底的咖啡香气，
破开残渣的瞬间，沉积在粉渣中的香气会瞬间释放，
所以破渣的动作不宜过大、复杂，
搅拌的次数和力道要固定。
搅拌过度会增加水和咖啡颗粒的接触面积与时间，
不但会影响到萃取率，
而且会影响杯测效果。

在杯测过程中，我们从干香、湿香和破渣的香气来品味，尽可能获取出被测物的优点。如果对香气的描述还无法以精确的形容词来讲述，则可以使用自己知道的形容词加以描述。

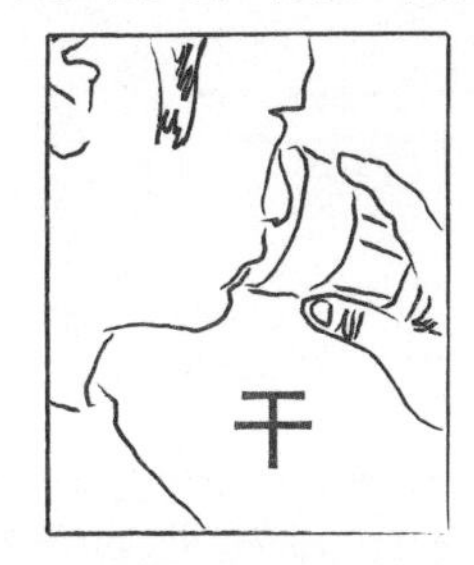

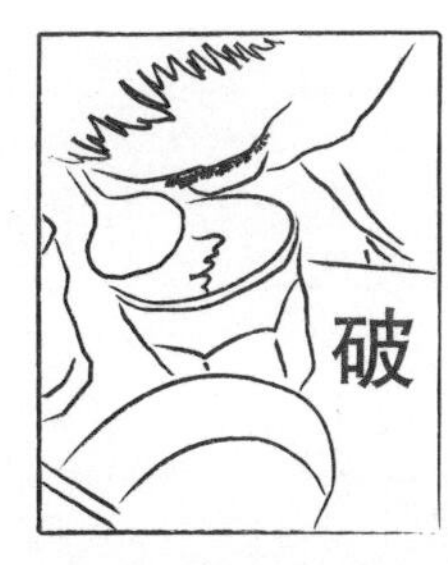

每个人对香气的认定都是主观的，就像对于榴莲的气味喜恶认定一样，也是因人而异，会有两极化的反应。因此，在杯测初期的练习中，请先将香气的部分当作参考，先把在干香、湿香与破渣时所感受到的香气记录下来。

接下来就是杯测的重点：味道的一致性与酸甜苦的位置。杯测样品数量取决于个人对咖啡豆的熟悉度：如果你对该种咖啡豆还不熟悉，自然会希望样品数量可以多一点，以帮助你确认风味的一致性，这同时也是在测试该款咖啡豆品质的稳定性。

一般来说，都是先从 3 个样品开始，用啜吸的方式确认酸、甜、苦在舌头分布的位置

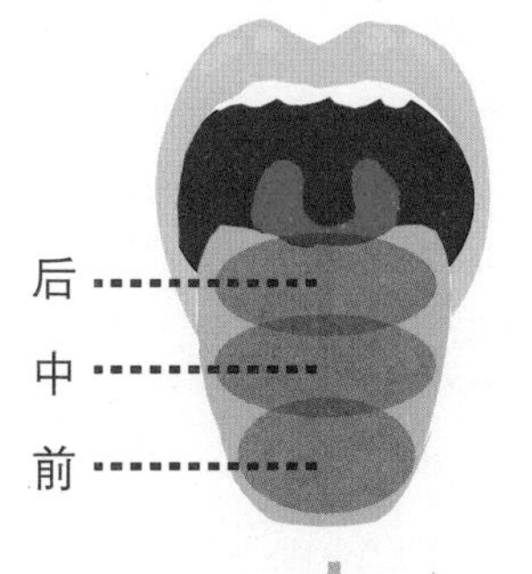

① 喝到第一杯样品，试着分辨出是否有酸、甜、苦，再通过左侧的舌面分布图，找出对应的位置。

② 再通过第二杯样品检查位置是否相同，以同样方式再喝第三杯样品。

③ 每一杯样品以喝一次为原则，喝完一轮之后再进行第二轮做确认。

关于舌头感知

舌头的酸、甜、苦感受分布，实际上和大家印象中的位置是不同的。通常我们都会觉得甜味感受在舌尖、酸在舌头两旁、苦在舌根，但仔细品尝后会发现，其实舌面的每个位置都有酸、甜、苦的感知。因此，当我们习惯在杯测感受酸、甜、苦时，要以舌头前、中、后的位置都加以确认。

苦 bitter
酸 sour
甜 sweet

图片是“大家印象中的位置”，实际并非如此。

接下来使用表格做最简单的杯测校正

COFFEE	

ACIDITY	
SWEETNESS	
BITTERNESS	

PRO	
COM	
IMP	
AROMA	

备注

品尝的时候先对酸、甜、苦确切描述位置后，再通过样品与样品之间的对照来确认差异。在注水与破渣动作都相同的情况下，所有样品酸、甜、苦位置也要相同，要是差异范围很大的话，则需要先从注水和破渣做校正，接着使用表格做最简单的杯测校正。

Coffee　将被测试的咖啡豆资讯记录下来，比如产区、品种、烘焙程度……

Acidity　确认有无酸味并记录酸味的强弱。

Sweetness　确认有无甜味并记录甜味的强弱。

Bitterness　确认有无苦味并记录苦味的强弱。

Pro　整体杯测的优点。

Com　整体杯测的缺点。

IMP　整体味觉需要被加强的项目。

Aroma　香气记录。

表格可以自行制作，也可以参考制式表格，再选几项比较重要或是自己容易分辨的项目，由简至繁，熟练之后再慢慢增加评比项目。

基本杯测之重点

POINT

前言提到，杯测的基本应用是鉴定生豆与熟豆的品质，
所谓品质就是稳定性，
也就是说同一批咖啡豆的每一杯样品都是要相近，
就是酸、甜、苦的位置都要一样，
再通过啜吸将咖啡液均匀地分布在舌面上，
先分辨出酸、甜、苦在舌头上所分布的位置，
接着再确认下一杯样品的酸、甜、苦是否分布在相同的位置，
如果其中一杯酸甜苦位置分布差异太大，
就要先从过程中去校正，
而其中最容易发生问题的步骤就是注水和破渣。

Chapter 2

法国压

做完杯测后你有没有发现，其实杯测也是一种冲煮咖啡的方式，只要将杯测时多余的粉渣去掉，就可以轻松地享受一杯咖啡。接下来我们要告诉你，如何用同样的条件使用法国压冲煮法来煮一杯咖啡喔！

法式滤压壶是一种普遍的冲煮工具，除了滤压的部分之外，其实重点都和杯测一样，也是要针对水量、水温、粉量、粗细、时间来做调整，然而法国压冲煮法所使用的粉量毕竟是变多了，因此均匀度就成了一大重点！

French Press

法国压因为冲煮稳定，容易被复制，所以早期在欧美国家，要是以单品出杯，就常常会看见是以法国压形式出现。只要设定好参数，不论是谁来冲泡它都可以稳定地呈现出好品质。

1.

我们开始对法国压做最基本的调整。我们需要改变的只有一个参数，那就是时间，剩下的可以先参照杯测的条件。

粉量　以 1 ：18 的比例，1 克的咖啡粉配上 18 克的水

粗细　以手冲的粗细为标准

水温　90 ~ 92℃

之所以用法国压来做讲解，是因它的变数最低。相同的容器加上固定的粗细与粉量，可以只在时间上做调整来得到味觉的变化。

2.

下图所使用的法国压（法式滤压壶）容量为540mL，因此咖啡粉量就以1∶18的比例先使用30g，咖啡粉颗粒的粗细，则以手冲的粗细为准，水温设定在90～92℃进行冲泡。

测量咖啡粉重量
法国压所需的
咖啡粉重量为30g

咖啡粉的颗粒粗细
可选用相当于
手冲刻度的粗细

水温可以固定
在相同温度，
一开始可以
先设定在90℃

时间设定为4分钟

3.

接着将咖啡粉倒入法式滤压壶里，把水先倒入到一半的高度，然后均匀地摇晃 30 秒。

也可以这样做……

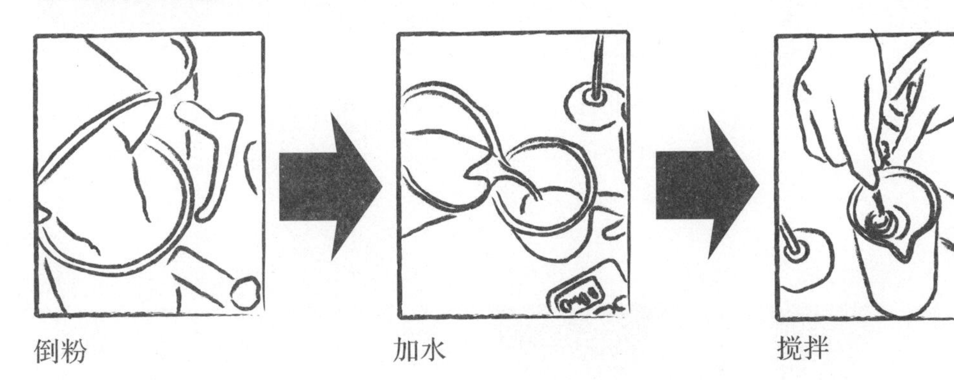

倒粉　　加水　　搅拌

●摇晃的目的是要让咖啡粉均匀受水，所以时间长短要固定，也可以用搅拌的方式。但是请注意，搅拌的力道、方向和次数要一样，如果速度也一样最好。

●摇晃与搅拌的目的都是为了让咖啡可以均匀受水，摇晃的方式会让力道较为均匀，配合固定的摇晃时间，稳定程度也会相对提高。

等到摇晃结束之后，
再将水注入到满为止，
接着将上盖盖住，
然后静置到萃取所需的时间，
一般来说会先以 4 分钟为准。

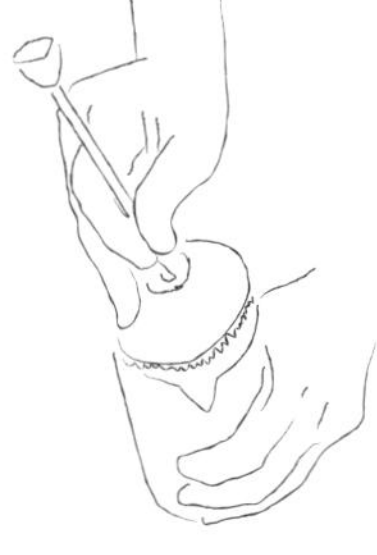

盖子

盖子盖上与否关系到温度的下降速度，一般玻璃制的法式滤压壶建议将盖子盖上，因为玻璃散热较快。图中的是双层不锈钢，保温性较佳。不管是什么材质，固定的方式是最重要的。

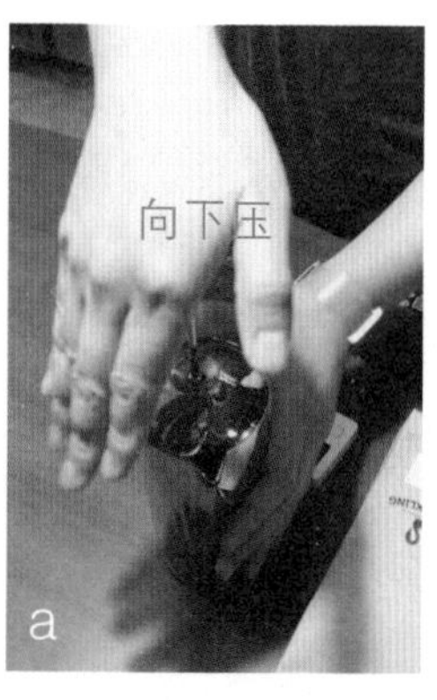

时间到之后，你可以选择
a. 直接将咖啡粉压到底 。
b. 将咖啡渣捞出 。

主要差别在于，将咖啡渣捞出，可以让咖啡颗粒减少浸泡，自然不会有过萃的情况发生。

5.

将咖啡倒出来，开始品尝，
使用下列表格记录酸、甜、苦分布的情况，
啜饮的时候要注意的地方
和前面杯测章节一样，
可以记录味道的走向。

		酸	甜	苦
粉量： 30g 时间： 4 分钟	强烈 明显 微弱			

接下来我们只改变一个条件，那就是时间，其余冲煮条件维持不变，将时间缩短至 3 分 30 秒。等时间到了之后，再开始品尝咖啡。同样，还是要将酸甜苦的位置记录在表格上。

		酸	甜	苦
粉量： 30g 时间： 3 分 30 秒	强烈 明显 微弱			

以此类推将时间缩短至 3 分钟

		酸	甜	苦
粉量：30g 时间：3 分钟	强烈 明显 微弱			

最后你会发现，表格里的酸、甜、苦会随着时间呈线性变化，酸和甜的强度会随着时间增加而降低，苦味则会随着时间的增加而增强。也就是说，冲泡的时间越长，苦味越会慢慢带出涩味。

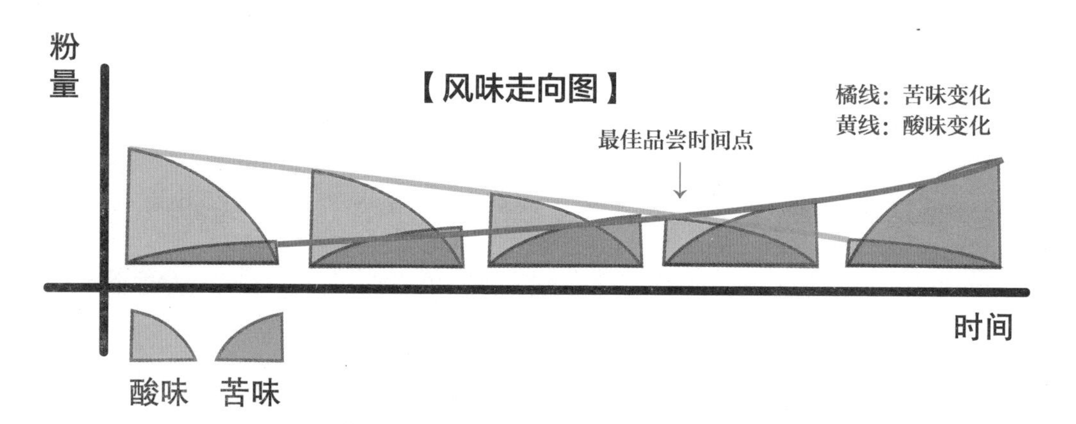

先将每杯的酸、甜、苦的位置定出来，之后就会发现：酸、甜、苦的位置会随着冲煮时间（或浸泡时间）增加而往舌根的位置移动，而且时间越长，苦度也会增加，同时酸和甜的强度也会减弱。

如果平衡度已经达到要求，但是口感稍嫌不足，尾韵不够持久，那就要调整咖啡粉的分量。

咖啡粉的粉量决定了味道的强弱，当然也关系到酸、甜、苦的部分，但是最明显的是在口感和后韵上有更显著的差异。

因此我们再重申一次，接下来的不同是，我们会将咖啡粉分量增加，但是时间还是和之前一样，冲泡 3~4 分钟。这样的改变会得到以下的结果。

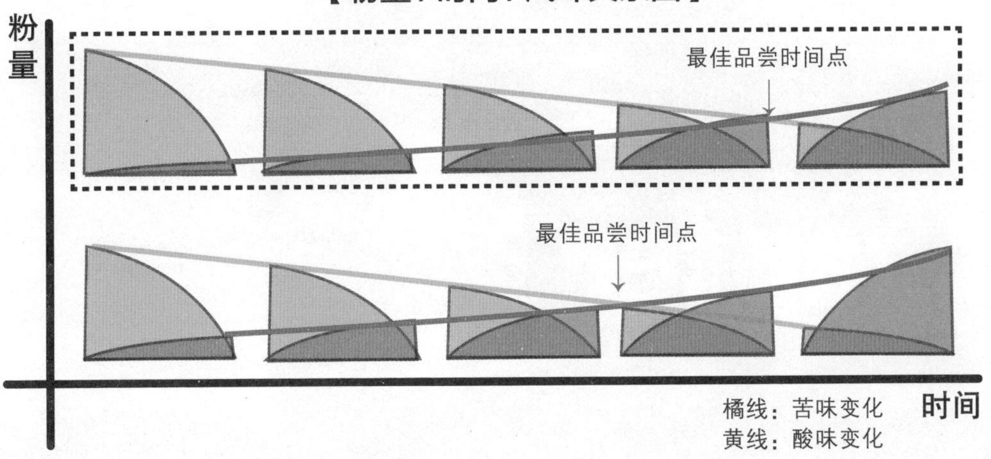

粉量增加主要是针对味觉强弱，时间长短则决定萃取多少。咖啡粉量改变使酸、甜、苦强弱明显上升、下降，但是在舌头感受的位置则不变。如果同时改变时间和粉量，酸、甜、苦则会同时改变。这样来找出酸、甜、苦最平衡的位置，这也是此咖啡最佳的冲煮时间与粉量。

品尝一杯咖啡，重要的不外乎是味觉和口感。味觉重点在于酸、甜、苦的平衡，看似相同的东西却可以因冲泡的条件不同而呈现出不同的味觉与口感。酸、甜、苦的感受是在咖啡入口后能马上感受到的，虽然每个人对酸、甜、苦的接受度不同，但是如果可以达到平衡，就能冲泡出一杯顺口的咖啡。

由上图可以观察到粉量与味觉强弱的关系，而对时间的调整则影响着酸甜苦的平衡。

同样的方式也可以应用在浓缩咖啡的冲煮上>>>>>

Chapter 3

意式浓缩

浓缩咖啡 Espresso，是现在主流的一种咖啡形式，其香醇浓郁的口感让许多人十分着迷。而其冲煮方法是将法国压的技巧延伸在机器上，同样要先固定咖啡粉量和水量，但是容器则从法国压变成把手里的滤杯，所以滤杯里要放多少咖啡粉，就是意式冲煮里的重点。机器会提供固定的冲煮水压和水量，所以粉量的多少和粗细会直接影响流速，当流速无法稳定时，萃取率相对也无法提升。

1. 粉量

Grinding

首先，我们要在咖啡粉量上下功夫。刚开始我们可以先观察一下自己所使用机器的滤杯。市面上的滤杯多少会因为品牌的不同而有形状和容量的差别，一般常见的，可分为宽口径和窄口径，口径有 53mm、55mm、58mm 等尺寸。通常窄口径的滤杯较深，口径宽的相对就会较浅，这样的差异主要是受到各家咖啡机厂商冲煮头设计的影响，不过每一个滤杯可装填的咖啡粉量其实都一样。

同样口径的滤杯又可分成单份（single）、双份（double）和三份（triple）等种类，单份可装填的粉量在 8g 左右，双份可装填的粉量在 18g 左右，三份可装填的粉量则在 21g 左右。这时候要注意的还有咖啡烘焙的深浅度，因为烘焙的深浅度会影响到咖啡颗粒的重量。举例来说，深焙的咖啡豆水分蒸发得比较多，所以同一个滤杯在做装填时，就会需要较多的粉量；反之，要是咖啡豆烘焙较浅时，滤杯的粉量也就要减少。

滤杯

Propofilper

单份 single

双份 double

三份 triple

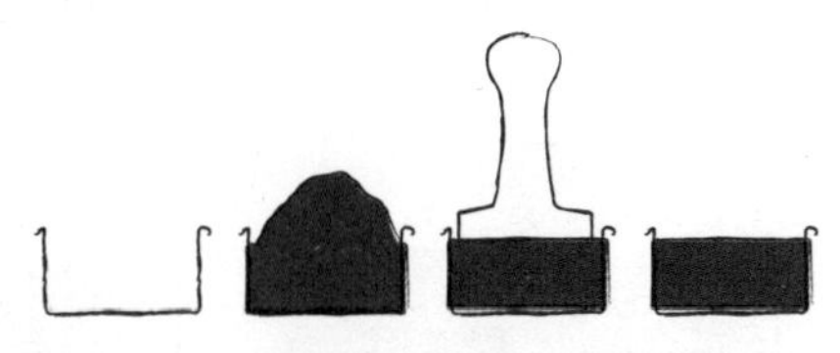

左图中显示的凹线，是指把手锁上时冲煮头在滤器里的位置，因此粉量的多少要以不超过这条凹线为原则，而且是以填压结束后的高度为准。

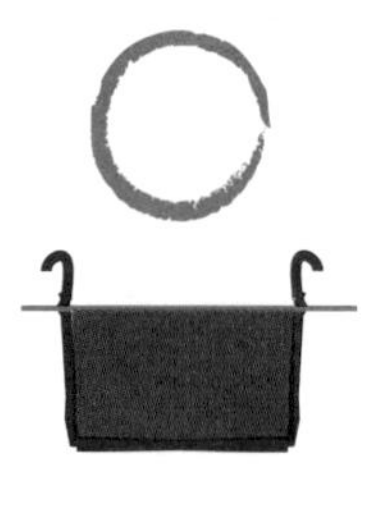

适当粉量

在装填适当粉量后，填压之后的粉饼表面水平位置要刚好落在滤杯凹线处，基本上以不超过为准，这样在装上机器后把手容易扣紧到正中间。也因为把手是旋钮设计，就像螺丝一样，所以锁的角度不同，滤器和冲煮头的距离就不同，这也会间接影响到所冲煮的咖啡。如果把手锁不到正中间的位置，请先找出可以锁紧的最佳位置，然后固定下来。

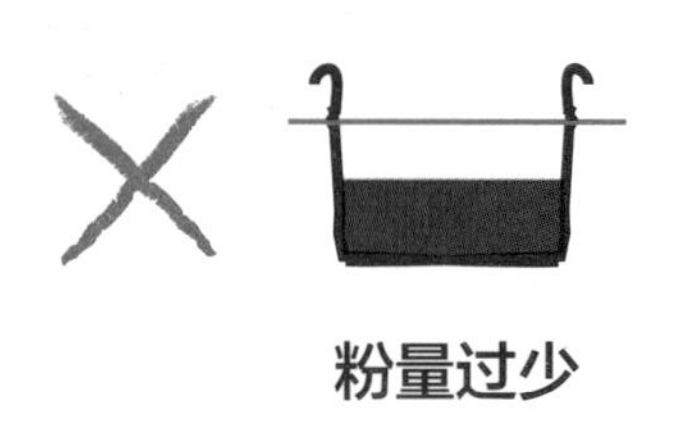

粉量过少

当装填的粉量过少，填压完之后粉饼的水平少于一半时，会因为粉饼厚度不足，使得抗力会相对过低。

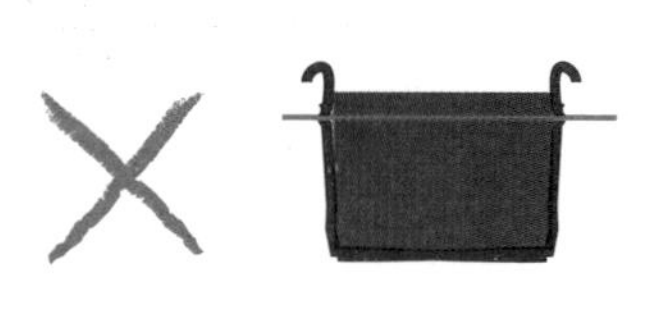

粉量过多

当装填的粉超量，填压过后粉饼水平会高于滤杯凹线，这时要锁上冲煮头时，把手就会无法拉到固定位置。

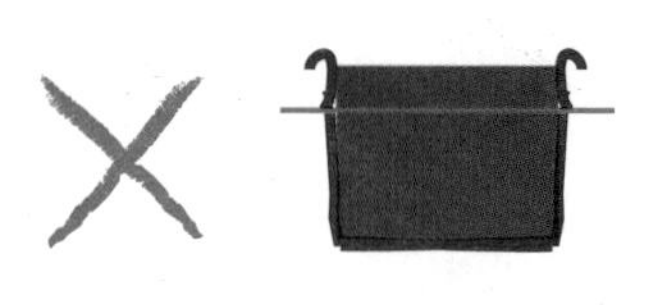

粉量超量

当装填的粉超过一定的量，填压过后粉饼水平会高于滤杯凹线甚至快到滤杯口，这时要锁冲煮头时，就完全无法装上。

接着就是将咖啡粉拨到滤杯里。拨粉的动作基本上是要让把手和磨豆机相互配合才能进行的。磨豆机可分为手拨拨粉和定量拨粉两种。定量拨粉的机型是由机器计算研磨时间来控制粉量，不过定量磨豆机价位较高，而且从刀盘到分粉槽有一段路径，也会造成误差，所以判断粉量就相当重要。刚开始可以从手拨入门，这样能从手拨的过程中训练观察粉落到滤杯的情况。在开始拨粉之前，让我们先来了解一下手拨磨豆机。

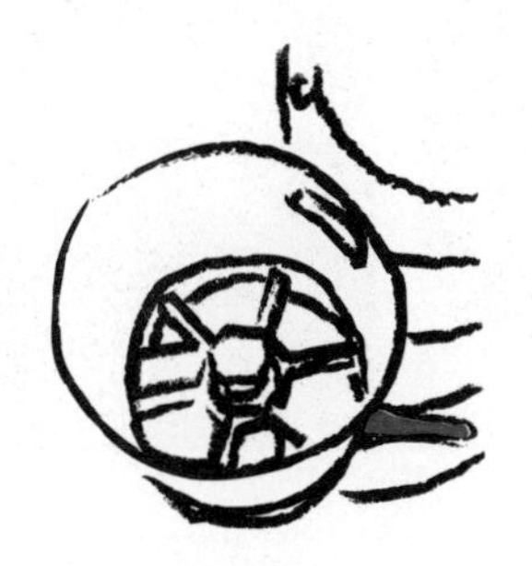

磨豆机的拨粉把手

它是一个很基本的弹簧架构，拨粉原理是通过带动分粉格让粉落入把手。

磨豆机的刀盘是由固定的马达转速带动的，因此当马达转动时，刀盘也就开始将咖啡豆带入并磨碎。当咖啡粉以固定的粉量落下时，要是分粉格也是以固定频率转动的话，那么拨出的咖啡粉量也就会是相同的分量。这样，将拨粉把手拨完整，就成了第一个要注意的重点。

完整

所谓的完整是将弹簧做一次切实的开关。我们可以将拨粉把手拉到底并放到最后，当听到弹簧开关的声音，就表示将把手做了完整的拨动。

刚开始动作时，先将拨粉速度放慢，确认每一次拨粉都完整完成，然后慢慢加快速度。当加快速度时，也要注意是否拨粉完整，要是没拨好的话，分粉格就会停止不动，直到下一次让弹簧确实卡到时，粉格才会再开始动。这时候就会发现落粉量会忽多忽少，容易造成判断上的误差，因此要特别注意这个动作。

拨粉的频率稳定后，要开始注意粉落到滤杯的方向和粉量

当开始拨粉时，可以发现拨粉拨得快时，会因为作用力而使粉一直往左边飘，当速度慢时左飘的现象就会减轻。但是请注意，当拨粉力道与速度固定时，粉往左飘的情况也将会固定，这么一来观察粉量时才会准确。

当以上的观察都熟练后，开始把把手放在磨豆机把手架上进行拨粉，并观察粉落在把手滤杯上的位置。

在开磨豆机之前，先想好把手要放的位置，在放好之后，再启动磨豆机，开始进行拨粉。慢慢找到适当的把手摆放位置，并固定下来。

等咖啡粉拨到一定的分量后，将磨豆机关掉，不做任何动作，将把手放在桌上。

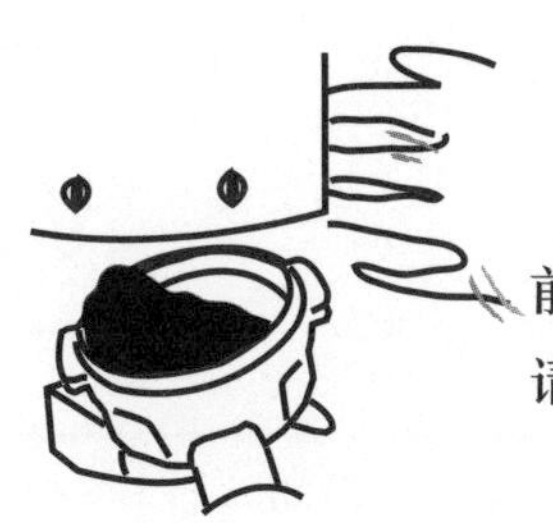

重复前一个动作，拨第二支把手。请注意要先将之前残余的粉拨至把手，这样才能让磨豆机保持一致性，请记住拨下来的频率要跟上一个把手相同。

拨完后，将两支把手并排，观察两者咖啡粉堆积的情况，假设堆积情况不一样，就要回过头检查拨粉的频率是否一致，或是把手有没有摆放在固定的位置。

当练习到堆积情况稳定时，可以将一次研磨的咖啡粉全部装到把手里，这时候要注意的是手法要固定。不管你的方式是敲击还是拍打，次数或力道都是重点，因为都会影响到对粉量的判断。当粉量太多或太少时，只要将开磨豆机的时间延长或缩短即可。

最后的步骤是整粉，这也是确认粉量的最后一关，这时候可以将堆积较高的地方的粉往低处推。在整粉的过程中，多少会将咖啡粉向下挤压，所以不管是用什么手法或器具，只要方法固定，就可以减少误差。一旦方式改变，堆积情况就可能会不同，所以就要再回头检查拨粉频率或把手放置位置是否固定。

在练习粉量判断时，除了磨豆机的情况外，我们现在了解到固定的拨粉方式和力道是影响粉量的最大因素，要是拨粉力道固定就可以让咖啡粉落下时的飞散现象降至最低。在进行拨粉时，要以固定力道把滤器填满到一定程度，在拨粉结束后，观察落粉位置，要是位置都偏左，就将把手先往左平移，然后重复先前的动作，这时我们会发现固定的拨粉力道会让粉落下的位置固定。

2. 填压

Tamping

填压的重点在于施力的方式和力道要固定。在练习填压的初期，建议每次都要用同样的施力方式和同样的粉量，这样可以渐渐拿捏出最佳的填压力道。而当施力力道固定了，也可以再反过来检测粉量是否都保持一致，因为只要察觉到阻力变小，那就代表粉量变少了，反之亦然。

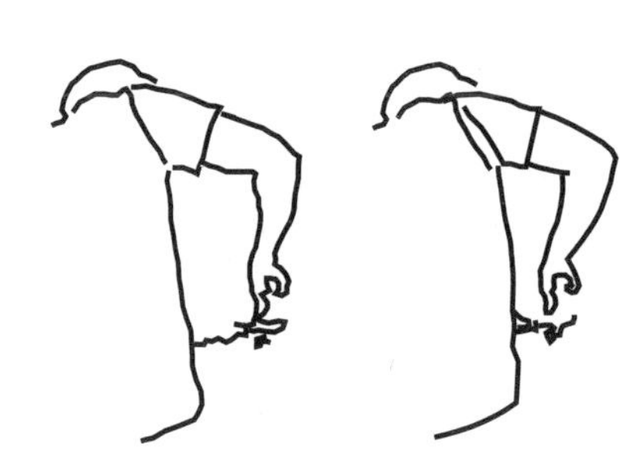

正确的施力方式

那么要用哪里施力呢？我们可以运用身体的重量，让施力点与手臂连成一线，当身体往前倾时，身体的整体重量，就会通过手臂传达到填压器上。

相对于用手也就是小臂施力，用身体施力的方式更易于稳定填压的力道，同时也能通过脚弯曲的角度控制身体前倾带来的力道。下图是练习使用身体的力道。

首先先将上臂与胸侧夹紧，但不需要刻意用力，
练习时可以用一个海绵夹在腋下，
用以检查上臂与胸侧是否确实夹紧。

双脚打开与肩同宽，左右脚相互平行。
左脚站直，右膝微弯，带动身体前倾，
这样会让手也做出向下压的动作。

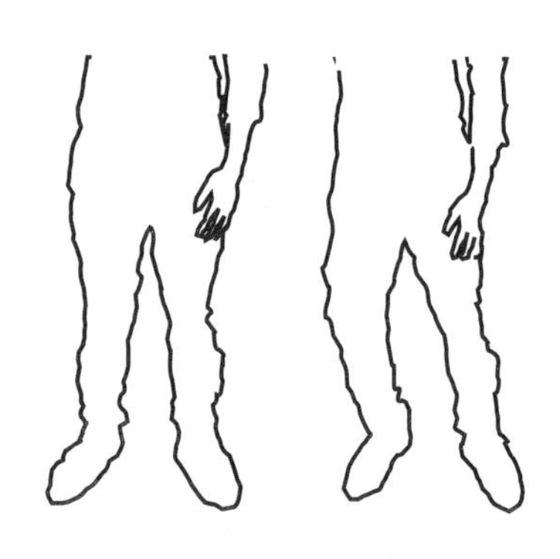

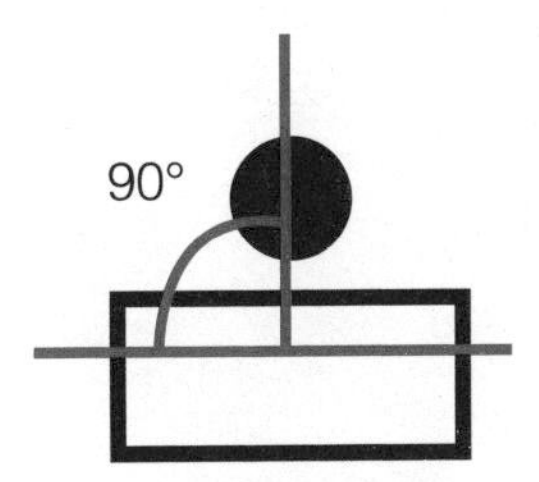

请注意上臂不要想外偏，要尽量与桌面垂直。施力时一样将右膝微弯，身体自然就会往前倾，进而带动手往下压。

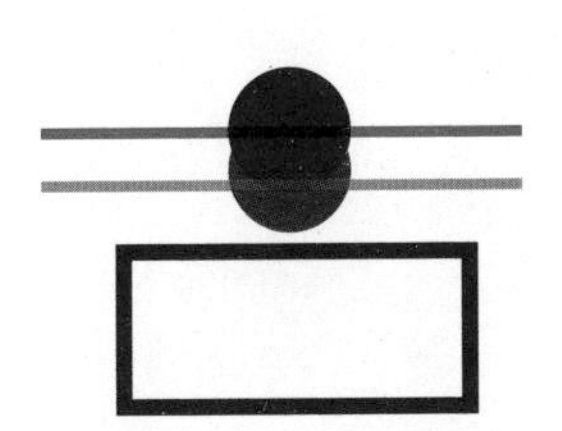

身体向前倾时，身体侧面也应该平行移动，这样比较不费力，而且力量直接作用到咖啡粉上的。

要注意从填压开始到结束时，身体和手肘都是平行的。在平行的方向下施力，会因为身体连动的力量，让填压器底座可以更直接地传递身体的压力，而身体也可以直接感受粉饼的阻力。

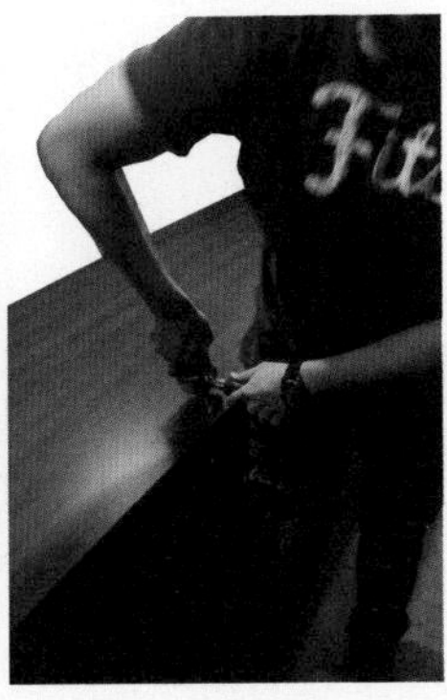

填压时，如果身体偏移，等于是变相地将力道施在手肘上，这样会造成填压不均，同时施压的力道也无法完全直接作用在咖啡粉上，这也代表部分力量被浪费掉了。最左边的图中手没打直，力量无法直接作用在咖啡粉上。

等熟练后就要开始练习用填压器填压啰

填压器持握的方式会影响施力平均度（粉饼受压均匀度）

①意式咖啡冲煮最重要的一点就是如何让咖啡粉饼可以均匀吃水。意式咖啡机在初期已经把大部分参数都设定好了，例如冲煮水压、冲煮头流水量，因此咖啡师最后的任务就是确保粉饼的扎实度。

滤杯基本上就是一个模子，但是滤杯并没有固定成型的功能，所以就需要靠外力填压来压实粉饼，而填压器就是完成这个步骤不可或缺的工具。

填压器在设计上分为两大部分

把手

在选择填压器时可以先握住填压器把手，看看是否顺手，如果握的过程中需要过多的动作才能掌握填压器，这些多余的动作都会是之后造成填压不稳定的因素。而且填压过程中都是以手掌来将力道传到底座上，因此如果手在握合填压器把手时有任何不适，都会影响填压完整度。

底座

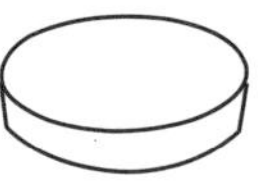
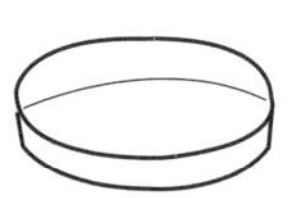

底座的设计，大多以平面为主，直径从 49mm 到 58mm 都有。目前市面上的滤杯大多是以 58mm 为主，不过在选择填压器时，还是要先确认滤杯的直径，确保不会买错。除了平面之外，还有些是弧面的设计，这是为了适应滤杯的设计而做了不同的变化，我们可以用下面两个滤杯来做比较。

左边的滤杯较深，底部收缩，直径也小一点。
右边的滤杯较浅，底部则比较宽平。

通过这两个滤杯的差别可以发现，平面的填压器底座适合用右边较浅且宽的滤杯，因为施力后比较容易一次压到底，粉饼压得扎实。如果是较深的滤杯，因为滤杯的底部缩小，要是使用平面填压器，就会影响施力的完整度；如果换成弧面填压器，就能对底部下缩较深的滤杯施加完整的力道。

另外，目前市面上还有一种螺旋纹的底座，这个有螺旋纹的填压器，在填压完后会在粉面上产生相应的螺旋纹。这样的螺纹设计是为了适应冲煮头在出水瞬间的冲力，降低粉面被冲刷的风险。有兴趣的人可以买一个来试试看。

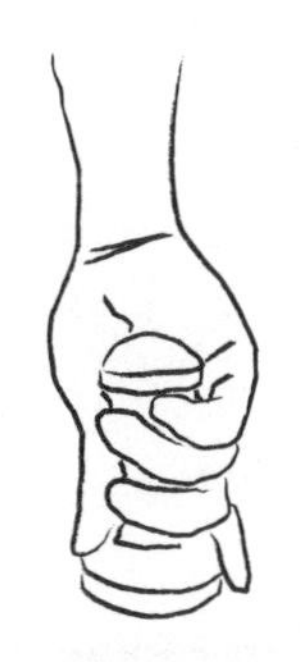

请先将你的中指、无名指与小指，圈住填压器。

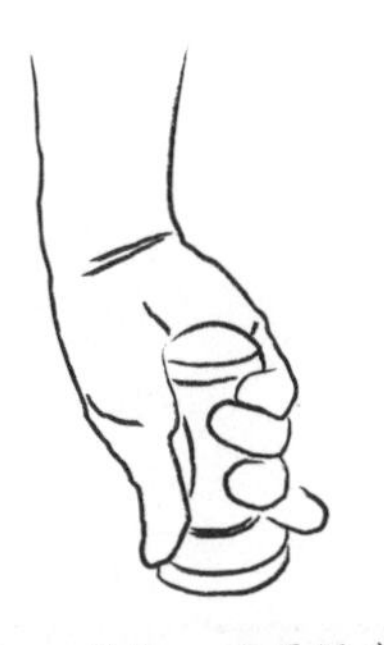

握把，不要用力握住，只要能够撑住即可。

再将你的拇指与食指分别放在填压器底座的两侧，拇指与食指必须对称。

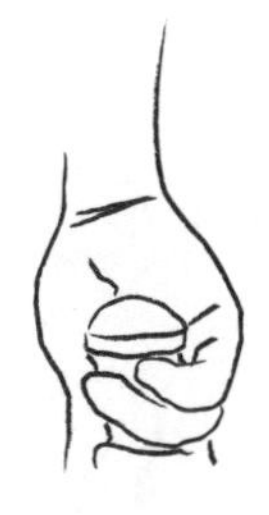

手掌请勿握住把手，只需用中指、无名指、小指圈住填压器把手即可。

接下来可以将填压器放在桌子上，练习用身体的力量。在身体前倾带动手臂下压时，将填压器底座平均用力压在桌面上，力道重心应该全落在拇指与食指上。

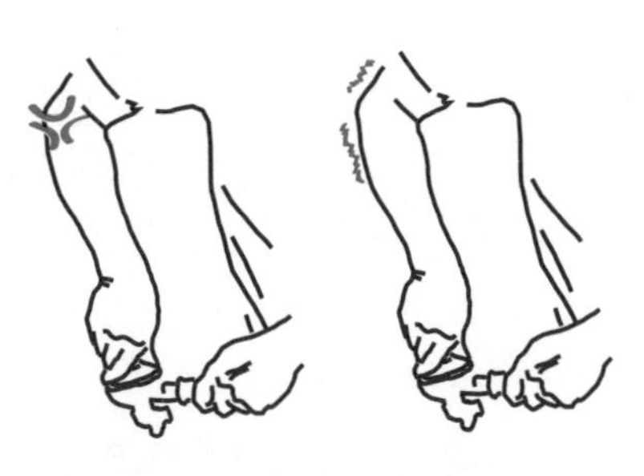

因此，拇指与食指会感受到大部分的压力。如果压力落在前臂上，那就表示用的是手臂而不是身体的力量。

在前面的练习中，我们已经知道如何将身体的力道施加在粉饼上，同时用粉量的多少来判断阻力的大小：粉量多阻力就大，粉量少相对地阻力就小。所以在填压稳定之后，接下来的练习，就是要控制粉量，让所受的阻力相同。

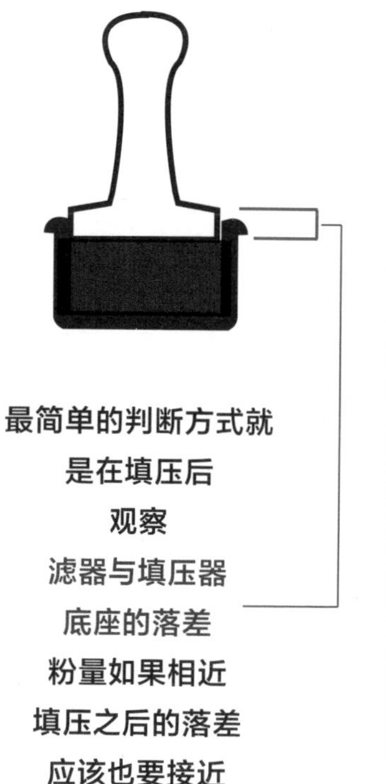

最简单的判断方式就是在填压后观察滤器与填压器底座的落差粉量如果相近填压之后的落差应该也要接近

控制粉量的多少，并不是要做精确的数字控制，而是要重点训练自己用身体来感受什么是适当的粉量，并加以掌控、微调。

从上图的落差中，可以看出每一次粉量的差异，也可以检查填压的水平，不过水平的部分则在最后步骤做微调即可。

这项练习的重点，是将每一次的落差都调整到一样。当粉量可以维持每次都相近时，在填压的过程中便能感受到相同的阻力。而填压时身体的力道并不是死命地全作用在粉饼上，而是要能适当地加以控制。当粉量固定了，填压也是固定的，这么一来就比较容易找到正确的方式。而在前面的练习中会发现，填压的力量是靠着脚弯曲来让身体向前倾而施加的，所以控制身体力量的重大责任便是由弯曲的那只脚负责，而传达填压动作的则是手指。在相互配合并且反复练习后，就能找到最直接也最省力的方式，以期达到事半功倍的效果。

填压的目的在于将压力平均施在滤杯中定量的咖啡粉量上

将咖啡粉填装进滤杯里，滤杯就跟一个模子一样，只要上方施力平均，并且是一次性填压，那么压完之后所敲出的粉饼就会是一个完整的形状，而且粉饼的密度也会是均匀的。

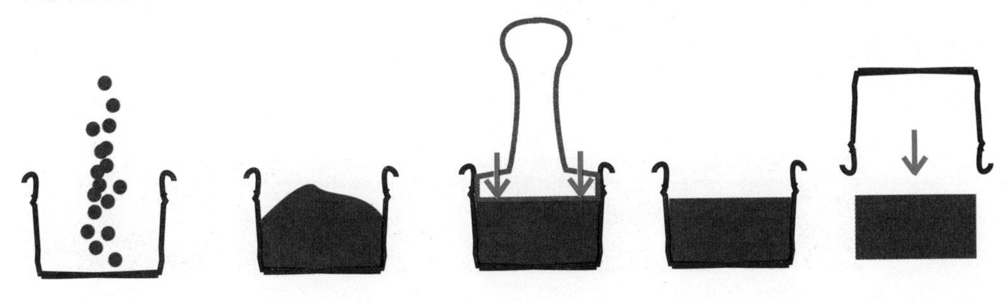

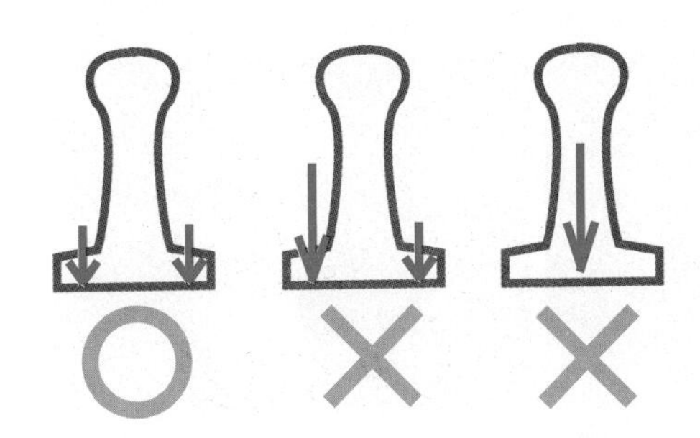

手部位置的重要性!!

施力时要以填压器底座为对象，将身体的力道均匀地施在填压器底座上，这是粉饼成型后是否完整的关键所在。因此，作用在填压器的力道位置也就很重要，施力点不同，造成的结果也会不同，而这会直接影响到咖啡萃取率。

当力道可以均匀传导到填压器底座时，咖啡粉颗粒在滤器里会紧密结合，被挤压成一个粉饼。而当粉饼受力均匀时，它所呈现的形状就会是完整的，因此倒扣出来就会是一整块。

完整只是第一步

除了外观完整之外，粉饼内部压力必须均匀。均匀的意思是粉饼的每一处密度要差不多，这样才能在受到机器稳定的水量与水压冲煮时，做到均匀萃取，冲煮的结果也才能保持稳定的品质。

戳 判断方法一

在将粉饼敲下后，可以用你的手指，从粉饼的中心往下压到底，接着再往中心四周用手指向下压到底。

拨 判断方法二

在粉饼倒出来后也可以将它拨开，从拨开的情况来判断它是否完整。完整的粉饼在拨开时会像饼干一样裂成两半，而且切面是完整的。

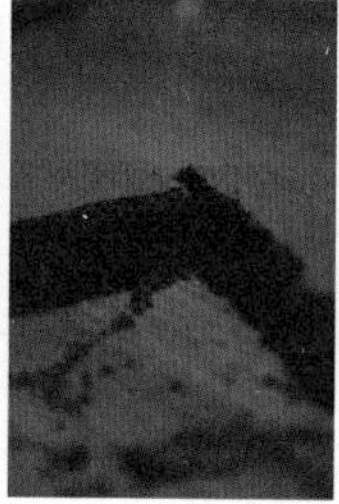

在手指下压的过程中，应该感受到一样的阻力，如果不一样，多半是施力不均造成的。发现问题时，可以从以下几点去检测：

填压手势 是否紧握填压器把手
手掌是否挤压到填压器上端

填压过程 拇指与食指是否同时感受到压力
如果不是，先确认是拇指先受到力还是食指先受到力
手臂是否侧偏
身体是否侧偏

前文提到过，食指与拇指位置要对称，就是为了施力均匀，如果食指与拇指的位置不对称，一高一低或左右偏移太大，那身体用力时，自然也无法通过填压器底座将力道均匀地往下传到粉饼里。

3. 萃取

Extraction

粉饼萃取是包覆式地由外向内进行，就如同拧干一条毛巾一样，由外部施力，将内部水分挤出。因此可想而知，滴落的水流在一开始会是细小的，形状就像是老鼠尾巴一样。

第一道浓缩

流下的状态

水会先沿着粉饼最外层往下浸湿，一直流到滤杯底部的开孔处流出，并顺着把手分流器流下。因为一开始只有最外圈的流下来，所以我们会发现咖啡液呈现细小且上粗下细的状态。

冲煮时间中段

随着冲煮时间加长，水流还是会维持上粗下细的状态，但随着粉饼受水的面积加大，通道变宽，流量也会随着加大，咖啡液的宽度也会增加。

冲煮时间接近尾声

咖啡颗粒会因为吸饱水而出现空隙，同时也会膨胀而使得原本紧密结合的颗粒之间产生细缝，而让水量变到最大。但也因为滤杯限制了膨胀的空间，而使得细缝会被限制在一定的大小，流量也因而被限制在相应的大小。

重点

水的正确走向

水在流过粉饼时，不会马上由上而下进行萃取，水会先将上层空间填满，之后会寻找阻力最小的地方。但是，均匀的粉饼对于水来说是阻力最大的，滤杯边缘与粉层边缘是相对压力最小的位置，所以当上层水充满后，水在第一时间就会对粉饼的外围萃取。

看完咖啡液滴流的形状后，我们来探讨一下，水流在粉饼里会怎么流动，请各位在左列的图表中，试着画出在不同冲煮秒数下，个人认为的粉饼浸湿的状况。

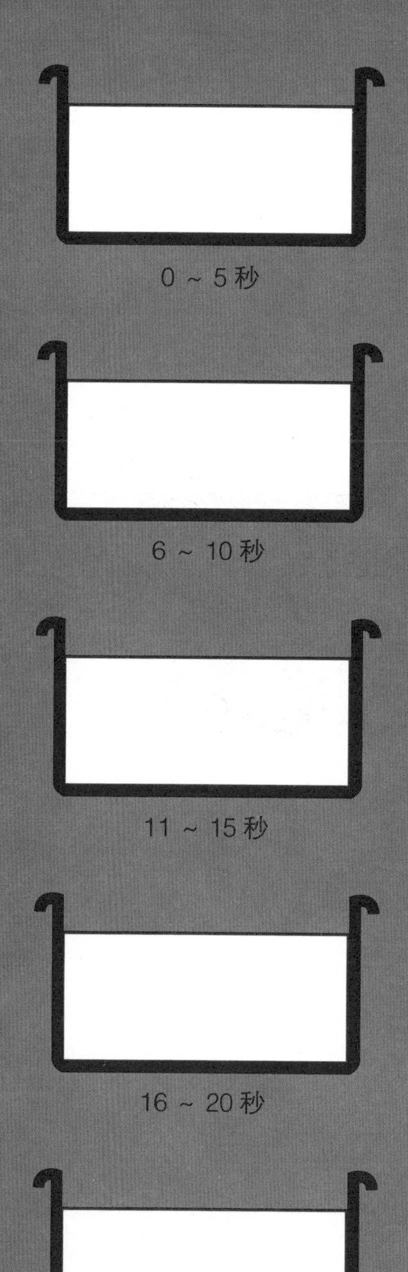

一般冲煮时间是 20~30 秒，时间是从按下冲煮键开始算起。左边所绘制的 5 个滤杯图示，是将冲煮时间分成 5 个阶段，分别为：

0~5 秒

6~10 秒

11~15 秒

16~20 秒

21~25 秒

随着时间不同，水预浸程度与相对应位置也不同。请练习一下，以现在所能想到的画画看看，然后往下看正确的路径。

让我们来观察实际状况！

咖啡液萃取一般都是由外向内进行，以包覆的方式对咖啡粉饼做最均匀的冲煮。下列图片是咖啡粉饼在不同秒数下的实际受水状态，以照片呈现，让我们可以更加清楚咖啡液萃取是如何进行的。

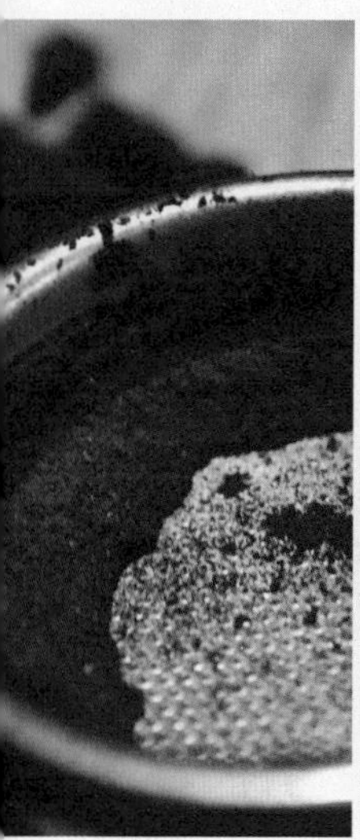

出水 2 秒

在机器出水后两秒把手卸下，会发现上因为先碰到水而是湿的。再将粉饼倒出，会发现咖啡粉还是干，而粉饼靠近滤杯的缘是湿润的。

出水 3 秒

水从粉饼外围往底部流，当水积在底部的压力足够时，自然就往滤杯下方的孔洞流出。

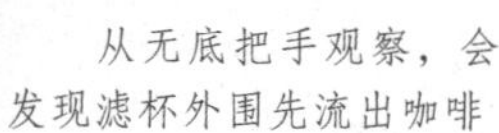

从无底把手观察，会发现滤杯外围先流出咖啡

出水 4 ~ 20 秒

再接着萃取到中段，一样将粉饼敲开来观察，会发现粉饼上层因为先接触到水，咖啡粉内部水已经吃到而膨胀，所以上层会先脱落，而中心因为还没萃取到所以颜色还是偏淡。

接近尾段

当我们将接近尾段的粉饼敲开来看，会发现粉饼比较容易敲开。再观察一下粉饼，会发现靠近中心的粉饼还是比周围的粉饼颜色淡一些。

一次性填压到底
粉饼完整

[完整填压]

观念

对于冲煮的稳定性，咖啡粉量是最大的影响因素。机器可以提供稳定的水压、水量、水温、水流方向，将滤杯所填压的咖啡粉加以萃取，冲煮出咖啡液，因此只要滤杯内的粉饼是紧实的，配合9个大气压的水压，水就会从粉饼最外层逐渐渗透至粉饼内层，完成包覆式萃取。

两次或多次填压的状况
粉饼不完整

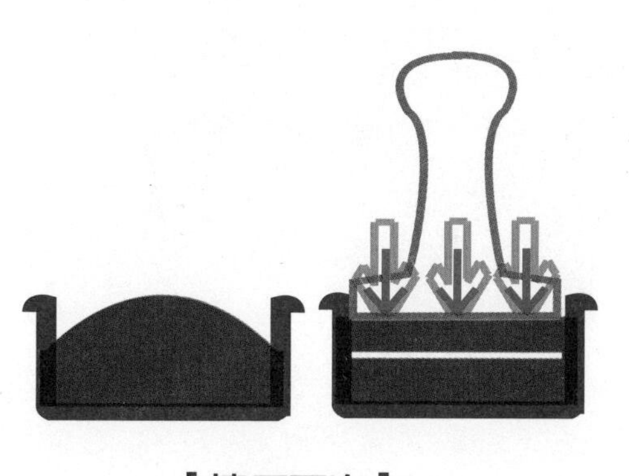

[填压两次]

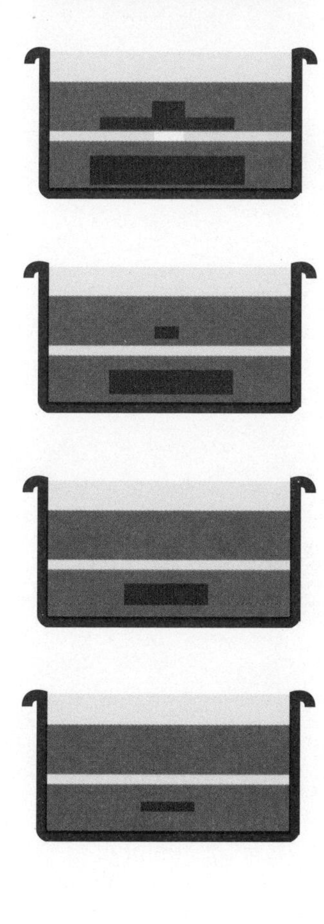

观念

在填压时进行了两次或多次填压，容易造成粉饼里面不均匀。填压多次会造成粉饼分层，出现分层就代表密度不同，密度不同就会形成通道，当冲煮加压的水在包覆时，就会往通道里流，造成萃取不完整，这么一来就无法由外而内地做渐层式的萃取。

流状

在了解受水状态后，接着要针对流状加以探讨。下图所显示的是一个完整粉饼在各个萃取时段的对应流状，我们将其分为萃取的前、中、后段来解释

第 4 ~ 6 秒

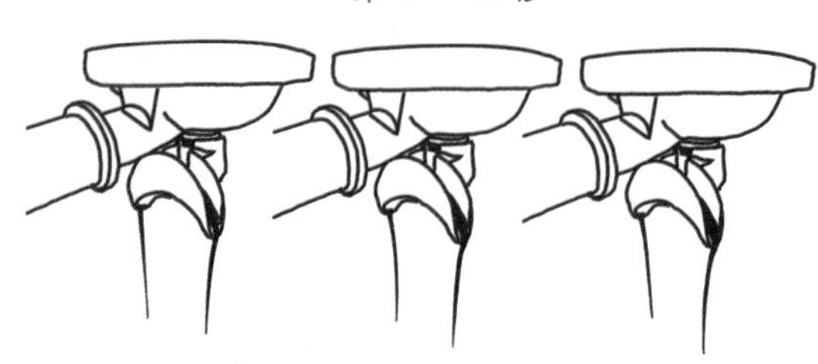

萃取前段

第 4 ~ 6 秒（视豆子情况）的期间，水分刚和咖啡粉接触，粉饼还是结实的，因此阻力还很大，且通道只在粉饼边，我们会发现流状细小且上粗下细。

第 12 ~ 14 秒

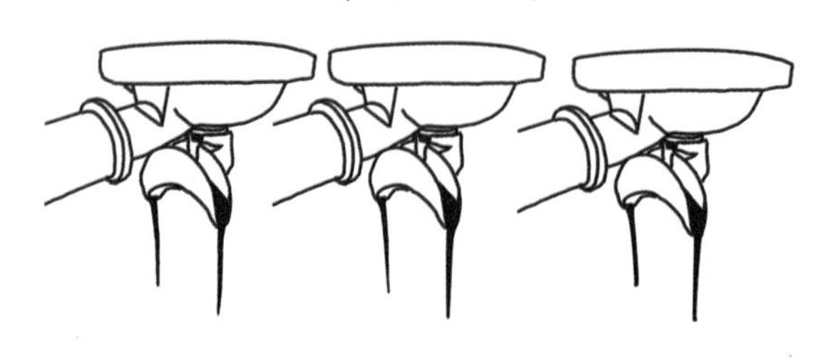

萃取中段

随着水流往内萃取，外部的咖啡颗粒因为接触水的时间较长，所以颗粒已经吸水膨胀。而流状会因为通道变大了而变宽，在第 12 ~ 14 秒（视豆子情况）的期间，当周围大部分咖啡粉都膨胀时，会呈现出最大的流状。

第 21 ~ 23 秒

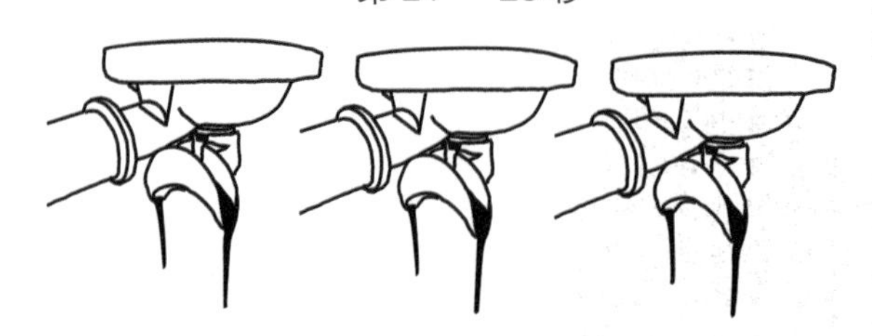

萃取后段

在萃取接近尾声，第 21 ~ 23 秒（视豆子情况）的期间，每个咖啡颗粒都吃饱水膨胀，加上可萃取物减少，所以会有流状缩小的现象。

由实际冲煮的流状观察

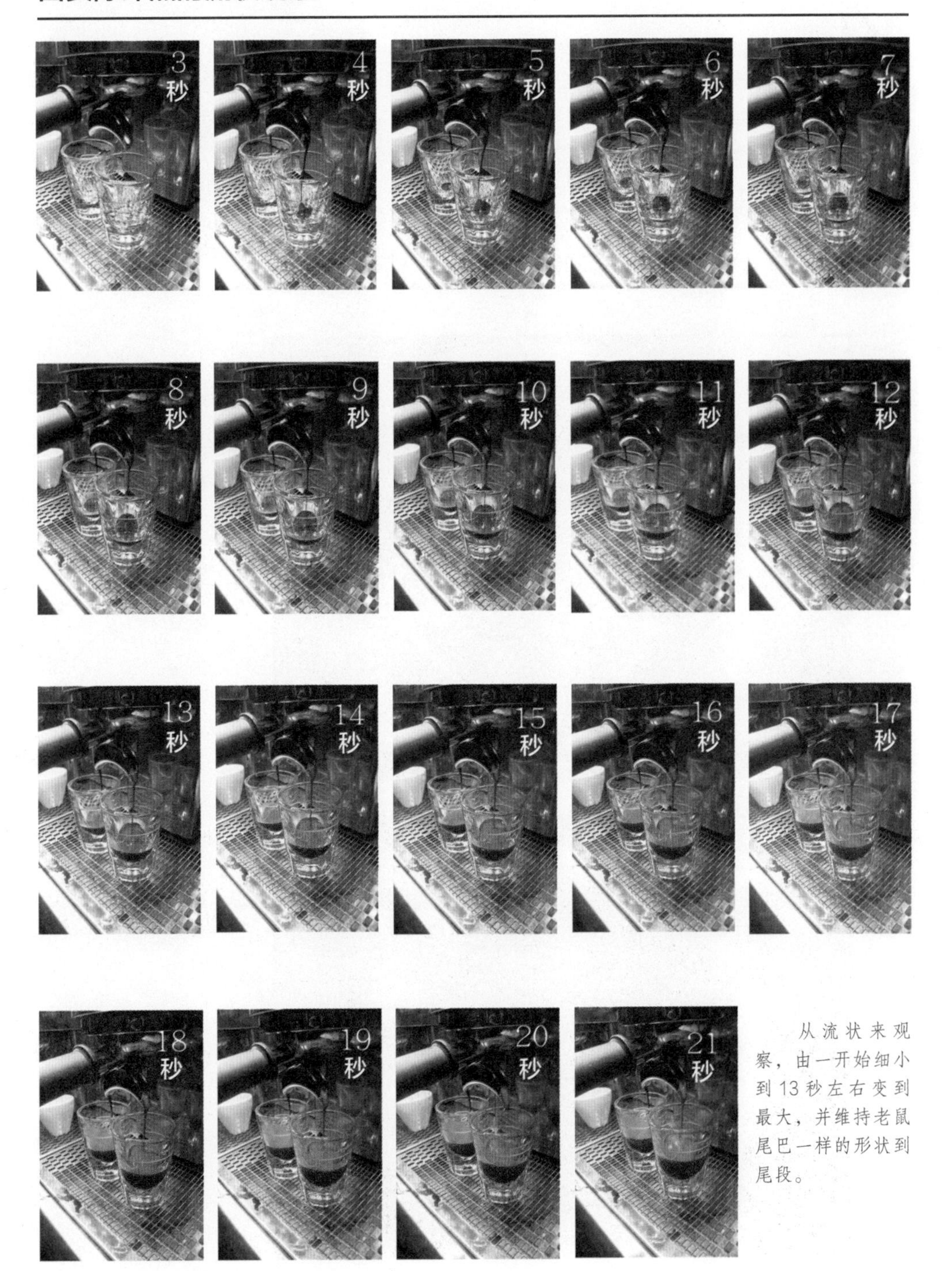

从流状来观察，由一开始细小到13秒左右变到最大，并维持老鼠尾巴一样的形状到尾段。

4. 颜色

Color

了解了前述的理论之后，思考一下，在包覆式的冲煮之下，浓缩的颜色会呈现什么状态？下面两张照片分别是不同萃取状态的咖啡液颜色，可以试着先判别一下萃取是否完整，萃取完整的画上“○”，萃取不完全的则画上“×”。

Espresso 颜色变化

一般来说，咖啡粉的冲煮中应该会有以下几种颜色呈现。

黑褐

水从咖啡机流下，在稳定的受水压力下，咖啡颗粒吸水饱和，并随着水流往滤杯下方，前段的咖啡液将呈现咖啡最原始的黑褐色。

赭红

慢慢地继续萃取，已被萃取过的区域的咖啡液将转淡为赭红色，而新萃取的依旧是黑褐色，所以在这个状态下将会有两种颜色的咖啡液。

榛果

当进行到萃取过程的中段时，外围最先被萃取过的区域的咖啡液将转为榛果色，这时大部分的咖啡液都是赭红色与榛果色，并带着一丝黑褐色。

金黄

萃取到尾段时，从咖啡粉中所能萃取的物质大量减少，咖啡液将呈现金黄色。之后，金黄色的咖啡液会越来越多，最后会成为白色或透明。

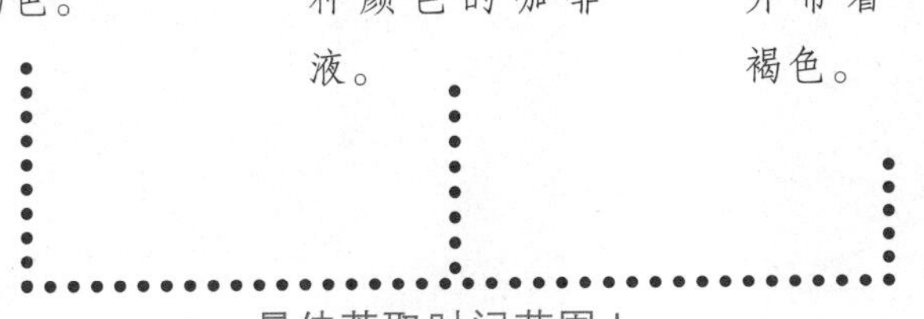

再次试着做判断！！

了解完整流程之后，试着判断一下下面几种不同状态是否为完整萃取。在空格中作答，萃取完整的画上“○”，萃取不完全的则画上“×”。

浓缩颜色判断

从流状和颜色可以清楚知道残留的浓缩咖啡表面 crema（咖啡油脂）会呈现什么状态，我们从前面的范例来看一下该如何修正。

①萃取不完整

这一杯虽然三种颜色都有，但是我们可以注意到下方的 crema 偏薄到几乎快看到咖啡，这是填压不完整而使后段流速过快所导致的尾段萃取不足。

②萃取时间过长

这杯多了一块金黄色，代表萃取过久。可以用手指将金黄色部分盖起来，便会发现它的颜色相当完整，所以再冲煮时可以在同样条件下，将秒数再减少。

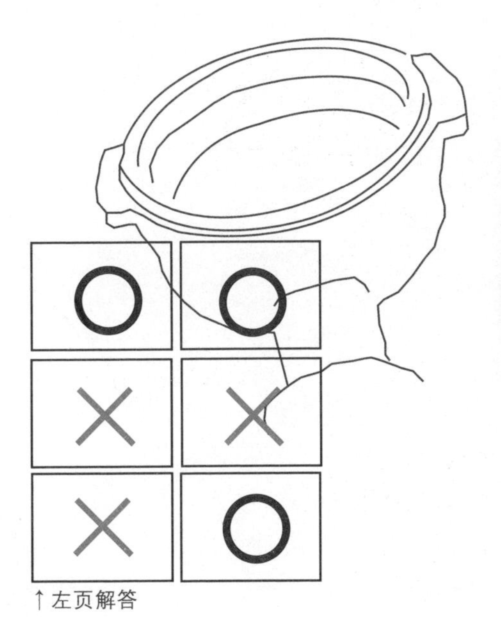

↑左页解答

③萃取不足

全部的颜色都是榛果色，说明水分在通过粉饼时，每个颗粒受水时间都过短，因此可推论出萃取时可能存在粉过少、粉过粗或豆子不新鲜等情况。由此我们也可推断流状会呈现出之前所提到的榛果色。

Chapter 4

拉花

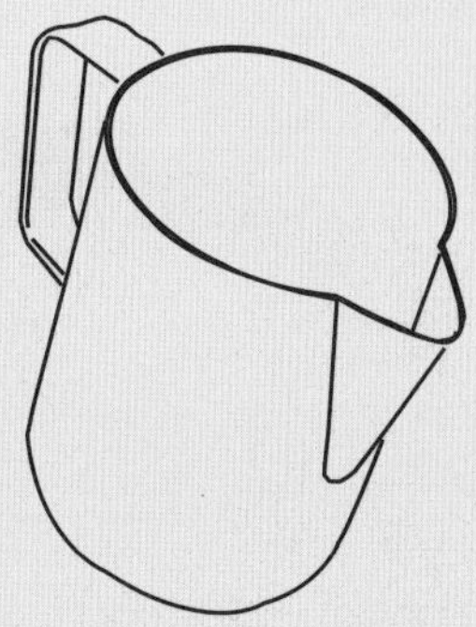

Latte Art

Latte art

拉花器具介绍

工欲善其事，必先利其器。良好的技术当然也要有适合的器具来操作才行。接下来，就让我们介绍一下拉花时所需要的器具吧！

1. 拉花钢杯 Frothing Pitcher

拉花钢杯的容量

一般分为

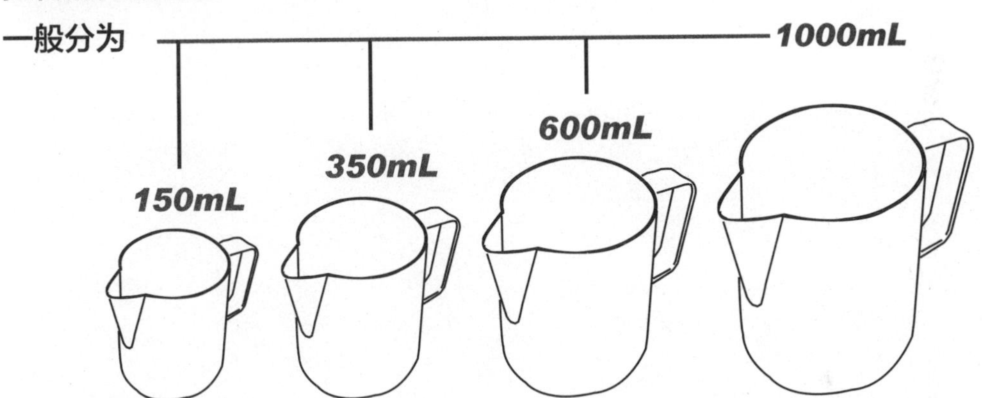

奶盅的容量大小随着蒸气量的大小而有差异，350mL 和 600mL 是较常用的钢杯种类。

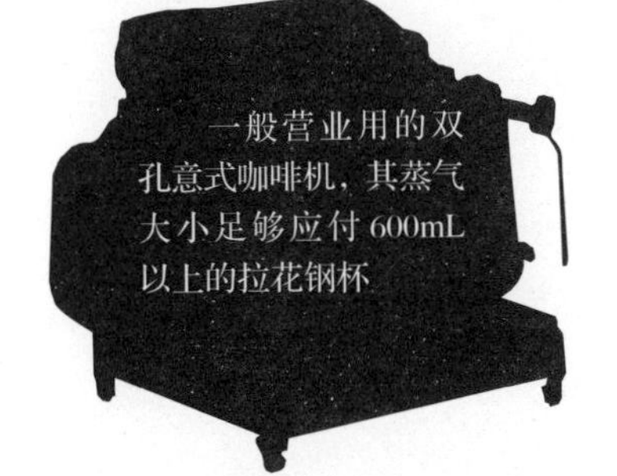

太大的拉花钢杯配上蒸气小的机器，蒸气压力和力道无法顺利带动奶泡与牛奶均匀混合，因此奶泡也就不可能打得好！

那小尺寸的拉花钢杯配蒸气大的机器呢？这就有点考验功力啰。钢杯容量小，加热时间自然会比较短，要在短时间内均匀混合奶泡，而且还要保持在适当温度内，因此用 350mL 钢杯打奶泡是个不小的挑战。不过 350mL 拉花钢杯的好处是不会浪费牛奶，而且要拉细致一点的图案时，它会是一个很好的帮手。

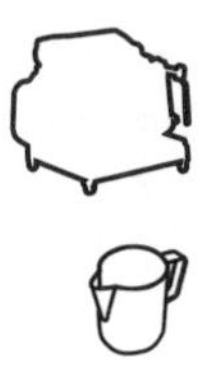

拉花钢杯 嘴部

钢杯嘴部通常以长嘴、短嘴和宽口、窄口加以区分，可依个人喜好选择。

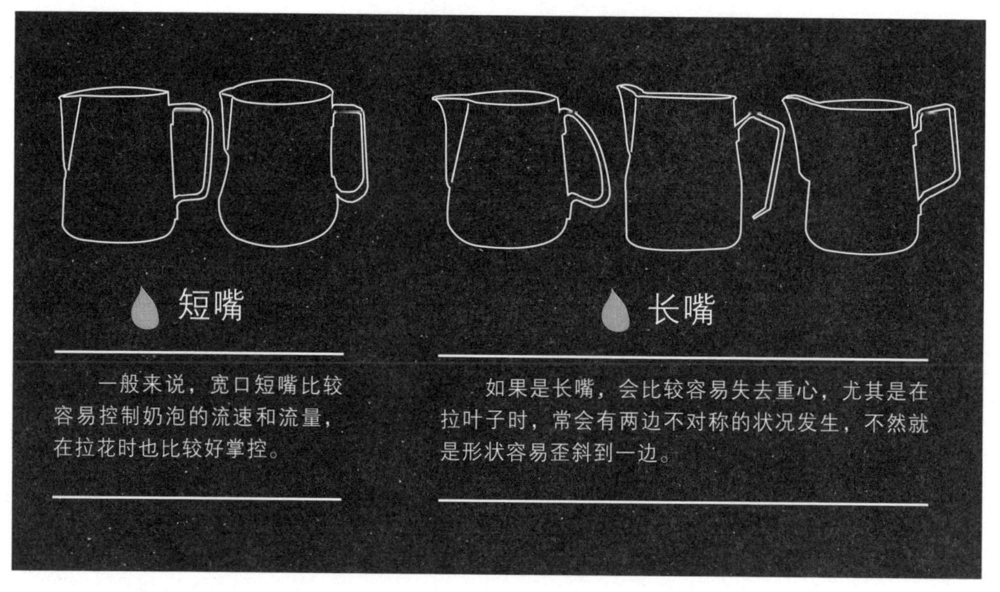

这些问题虽然可以通过勤加练习来加以改善，然而对初学者来说，却是在无形中增加了初期练习的困难，同时也会耗费更多的牛奶，因此建议初期练习时选择短嘴的钢杯。

温度计

不太建议使用温度计，因为温度计会搅乱奶泡中的水流，不过在初期，对于温度的掌控还不熟练的时候，温度计的确是一个不错的帮手。建议当渐渐可以用手感测量温度的变化后，就不要再用温度计了。

半湿毛巾

干净的湿毛巾是清理打过奶泡的蒸气管用的，没什么特殊需求，干净、好擦即可。也因为是专门用来擦拭蒸气管的，所以请不要拿去擦蒸气管以外的物品，以保持清洁。

4. 咖啡杯 CUP

虽然杯身不同的形状也会影响拉花的成形与时机，但是选择杯子首先还是要看容量。选定杯子的容量后还要选用相对应的钢杯，最后要考虑的才是杯子的形状。一般来说，分为高且深的杯子和底窄口宽的矮杯两大类。

一般所说的咖啡杯都是以圆形为主，其他形状的其实也可以，但是要注意奶泡倒入和咖啡混合时是否均匀。

使用两种杯子的注意事项……

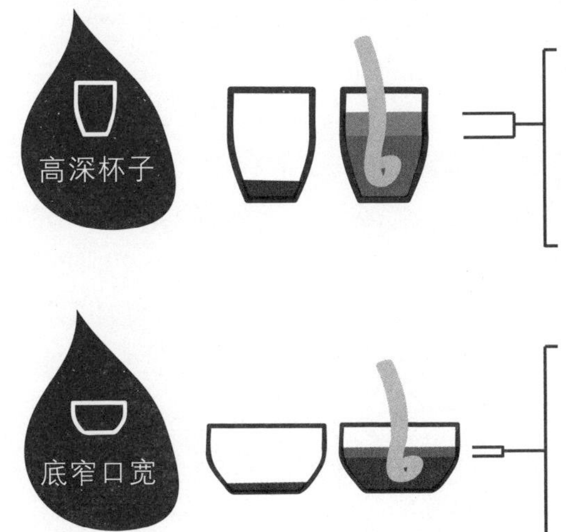

高深杯子：内部体积不大，所以在倒奶泡时奶泡容易累积在表面，虽然图案容易成形，但往往会因为奶泡太厚而影响到口感。

底窄口宽：窄底可以缩短奶泡与咖啡融合的时间，而宽口能让奶泡不会积在一起，并有足够的空间使奶泡平均分布，图形花样也会比较美观。

牛奶 MILK

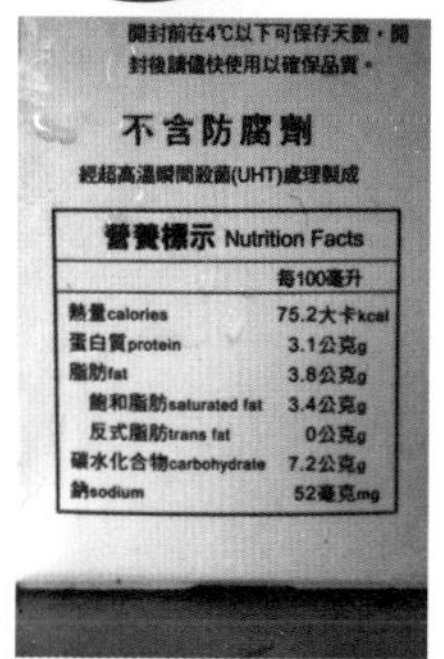

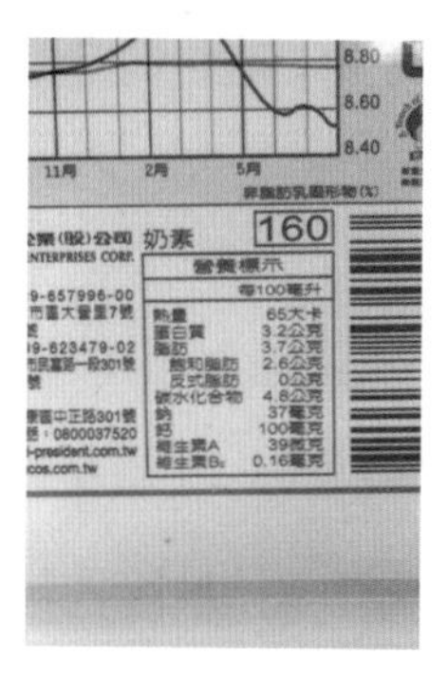

打奶泡的主角当然是牛奶，这里要注意牛奶的脂肪含量，因为脂肪的含量会影响到奶泡的口感和稳定性。

并不是脂肪含量越高就代表奶泡可以打得越好，脂肪过高（一般生乳在5% 以上）通常会不容易起泡。

牛奶会起泡是因为热蒸气打入牛奶时，牛奶的蛋白质会黏附在气泡上，接着脂肪在加热软化后会变成气泡间的黏着剂，从而形成稳定的牛奶气泡。

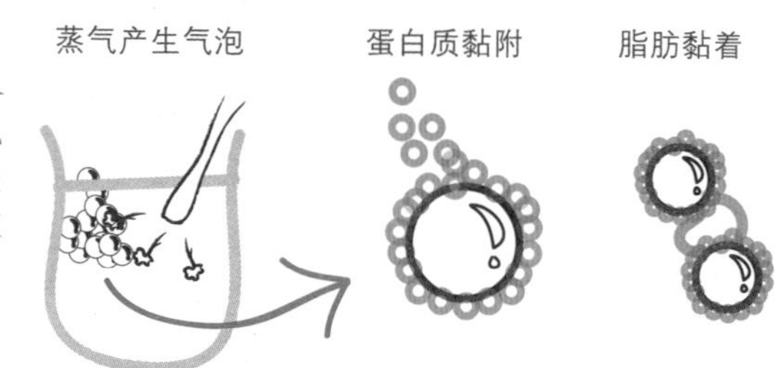

过多的脂肪含量会影响到牛奶蛋白质黏附在气泡上的状态，导致一开始不好打奶泡。往往要当温度上升到一定程度时，奶泡才慢慢产生出来，不过这样一来就会使得整体的奶泡温度偏高，影响到整杯咖啡的口感。而且过高的温度也会破坏牛奶中的蛋白质，虽然高温能使起泡的脂肪溶解，但是被破坏的蛋白质却会让奶泡在短时间内开始固化，要是这样再继续打下去的话，或许接着就会出现海绵蛋糕的状态了。

在选择打奶泡的牛奶时，建议选购脂肪含量为 3% ～ 3.8% 的全脂牛奶，因为在经过整体测试后，这样的含量所打出来的奶泡品质最佳，而且加热起泡也不会有问题。

何谓好的奶泡？

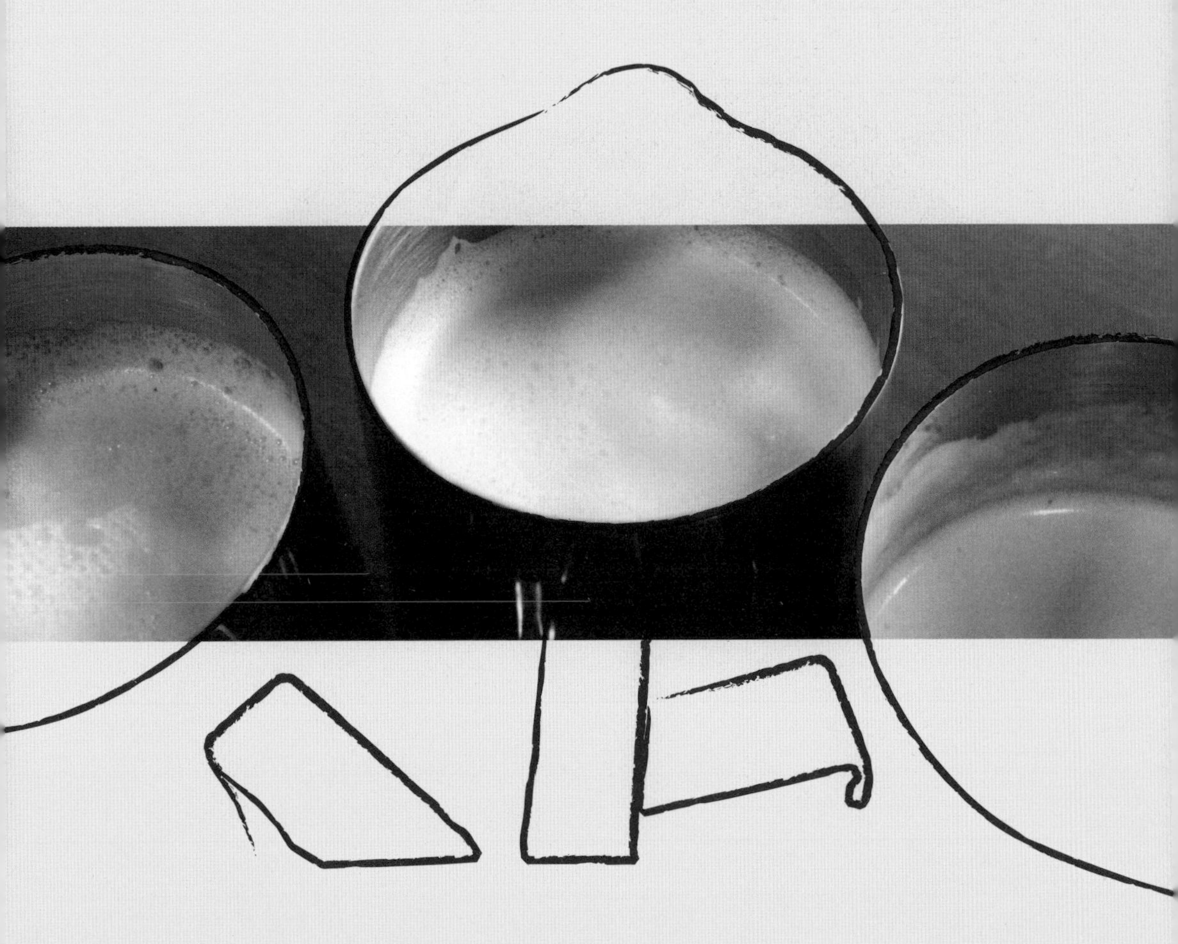

1. 发泡量

请维持在原牛奶量的 20% ~ 25%

发泡量建议在 20% ~ 25%

在使用蒸气加热牛奶时会产生奶泡，随着奶泡的产生，牛奶在拉花钢杯中的体积也会因为融合了空气而变大，但是整体上增加的体积是有所限制的，太多或太少对于奶泡的品质都有影响，发泡量以 20% ~ 25% 为最佳。

EX 350mL 拉花钢杯

使用 350mL 的拉花钢杯时，将牛奶加至拉花钢杯的凹槽附近，牛奶的用量是 175 ~ 200mL，打完奶泡后的整体容量就必须要控制在 210 ~ 250mL，所以换成大钢杯时，可以增加的奶泡容量也相对比较多，而使用的钢杯大小则取决于所用的咖啡杯容量。

奶泡太薄太厚都不好，比例要刚刚好

如果奶泡太稀，在拉花时，会因为手劲不平均而容易影响到图形的对比或成形的形状。

如果奶泡太多，会影响到在倒奶泡时浓缩咖啡与奶泡的融合品质。通常，太厚的奶泡温度基本上都已经超过65℃，蛋白质正开始变质，导致质地绵厚却无法滑顺。

相信爱咖啡的人都有这样的经验——在品尝卡布奇诺时一直只喝到奶泡，而且还有可能会觉得喝到的牛奶和海绵蛋糕没两样。这种咖啡不管是喝起来还是看起来都不好，更不要说是要从头到尾的一致口感了。造成这种现象的罪魁祸首就是太厚的奶泡。在初期练习时，可以将打好的奶泡倒入透明玻璃水杯，这样就可以观察到表面奶泡的厚度。

严重错误！！
奶泡千万不能刮掉！

刮掉奶泡是非常错误的行为，因为在打奶泡时，针对的是原有牛奶的量，就如同制作糕点一样，面粉和水的量都是固定的比例，改变其中任何一个的分量，都会影响到成品的整体情况。因此，千万要记住，不可以把奶泡刮掉。如果真的厚到要刮奶泡的程度，那不如就重新制作吧！

打好的奶泡温度应该介于 55 ~ 65℃之间

各位一定有过喝到烫到不行的卡布奇诺或拿铁的经验。这样的一杯咖啡喝的时候烫口，拿在手上也烫手，品尝这样的咖啡实在称不上是一种享受。而一杯咖啡过烫，主要都是因为奶泡加热太久所造成的，因此在练习打奶泡时，温度的掌控也是非常重要的一环！

奶泡过热还会造成什么后果？

为什么奶泡温度要介于 55 ~ 65℃之间呢？奶泡温度如果太热的话，会破坏牛奶的分子，造成风味的流失。另外，牛奶一旦加热超过 60℃，糖分就会开始蒸发，而且分子结构也会开始变化。

当浓缩咖啡煮好时，温度就会开始下降。当奶泡打好准备倒入拉花时，咖啡的温度也应该慢慢降到 60℃左右才行。如果奶泡的温度太高，就会直接影响到咖啡与奶泡混合的品质。所以，请记住品质良好的奶泡温度应该介于 55 ~ 65℃之间。

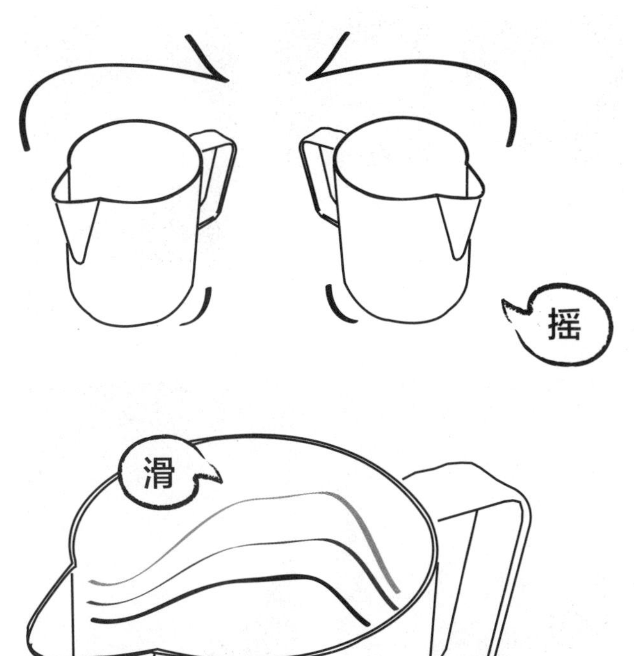

奶泡的优劣状况要如何判断？

要判断奶泡的好坏，可在打好奶泡之后，以顺时针和逆时针方向反复摇晃拉花钢杯，这时奶泡会因为摇晃而黏附在杯壁上。接着要注意观察杯壁上的奶泡，奶泡应该像奶油一样慢慢地滑落，外表应该都是小小颗细致的气泡，不能有粗细不均的大泡泡掺杂其中——这样的奶泡才称得上是一杯好奶泡。

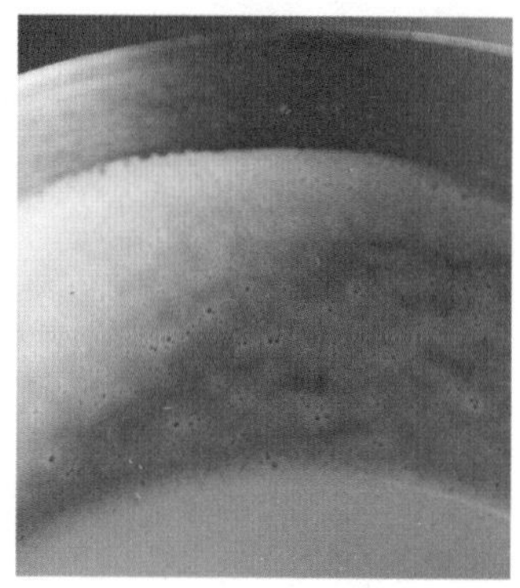

如果奶泡滑落的速度太快，说明奶泡与牛奶并没有混合均匀，而且这时应该也会看到杯壁上会出现大小不均的泡泡，这基本上就是没有混合均匀，只要多加练习应该就可以改善。

在奶泡的制作要素都掌握之后，就能深切感受到打奶泡的乐趣与成就感。另外，再透露一个笔者个人经常运用的小技巧：当奶泡打好之后会慢慢凝固，这是因为接触到空气使得奶泡温度下降而慢慢固化，这时还可以选择将奶泡制作成不同的形式喔！

①如奶油般滑顺的奶泡

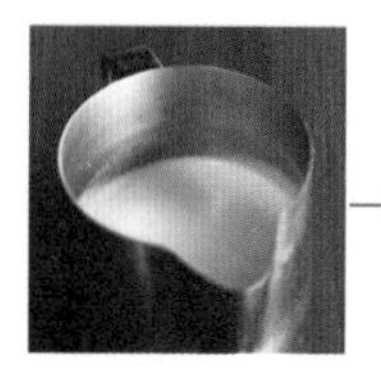
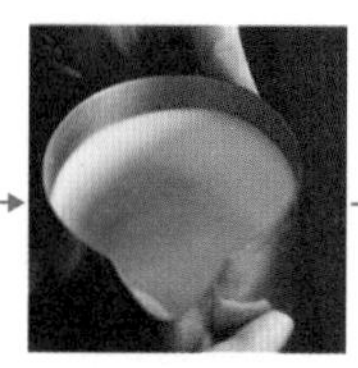
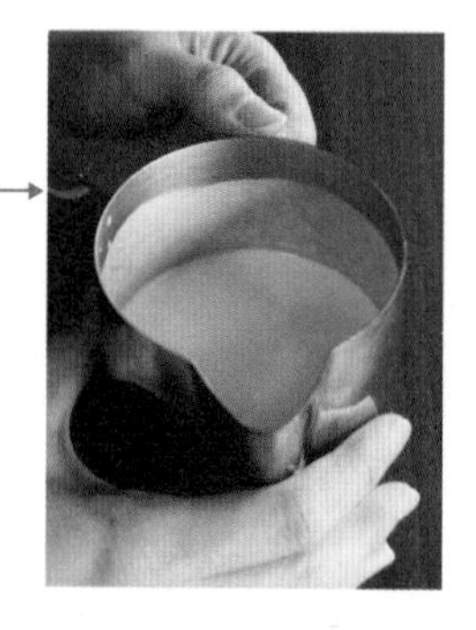

②厚实绵密的奶泡

打好奶泡后，可以将拉花钢杯晃久一点，接触空气久一点，就可以做出较厚的奶泡。笔者个人不喜欢用蒸气将奶泡打厚，因为这么一来奶泡会太硬而没有绵密厚实的口感，而且完成的奶泡也无法调整。

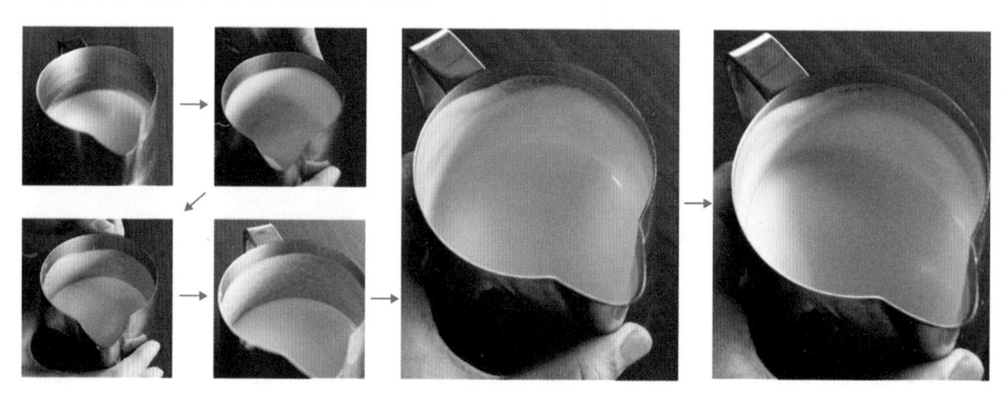

打奶泡练习

基本练习

首先让我们认识一下机器的部分

一般营业用的意式咖啡机
都会附设蒸气棒来蒸煮奶泡
虽然蒸气量的大小可调整
但调整幅度却很有限
所以不建议在初期练习时
就先调整蒸气量的大小
而是希望各位先熟悉现有的状况
等熟练之后
再依个人的需求调整

此外还有以下 5 点也会影响奶泡的制作

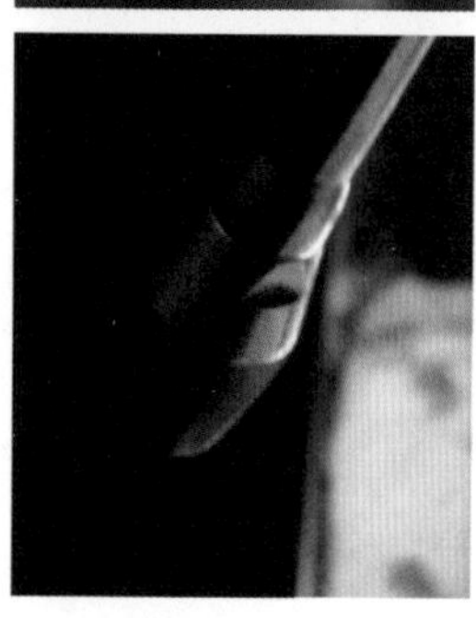

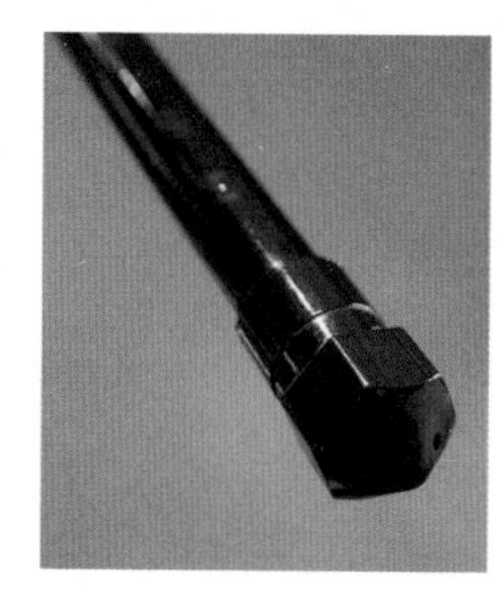

1 蒸气管的管径

2 蒸气管喷嘴的孔数

蒸气管管径与蒸气管喷嘴会直接影响到加热的速度。

3 蒸气管喷嘴的形状

4 喷嘴孔的位置

喷嘴的形状和喷嘴孔的位置，会影响到整个水流的走向。

5 蒸气管喷嘴的角度

角度会影响到奶泡的细致度。

刚开始练习时，为了防止买牛奶买到倾家荡产（先别笑，这是很有可能的），建议先使用一般饮用水来测试机器蒸气管带出的水流。练习时的水量可加到拉花钢杯的凹槽下方。

1.

先将蒸气打开

观察一下蒸气从喷嘴孔喷出的形状，不同品牌蒸气棒孔的方向多少都有些不同，大致可分为较为外扩和较为集中两种情况。

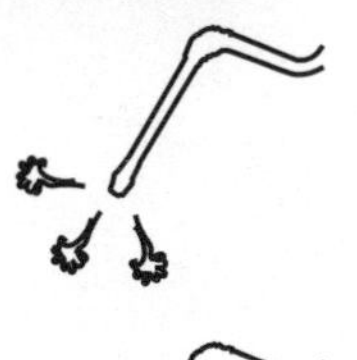

如果比较外扩

建议将蒸气管置于偏拉花钢杯外围的位置。

如果比较集中

建议放在偏拉花钢杯中心的位置。

2.

水填至凹槽

加水到凹槽附近，将蒸气管与水平面呈 30° 至 45° 角放在拉花钢杯中。

3.

深度

深度大约就是将喷嘴的部分伸到水面下 2/3 的位置，深度是根据奶泡的量而调整的。

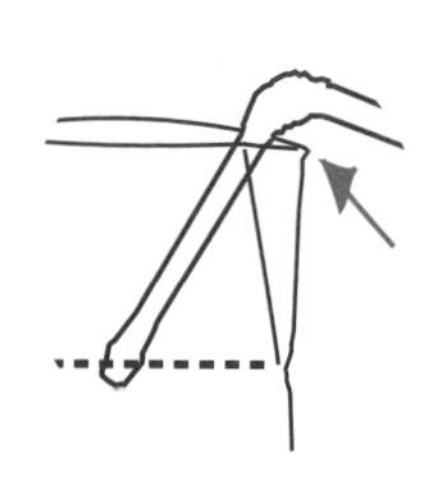

蒸气棒固定的位置

至于蒸气管该靠在什么地方，刚开始如果找不到方向，请将蒸气管放在拉花钢杯嘴部的部分，用这个地方来当做蒸气管的移动基准点。

调整位置

建议将蒸气管放在偏拉花钢杯外围。

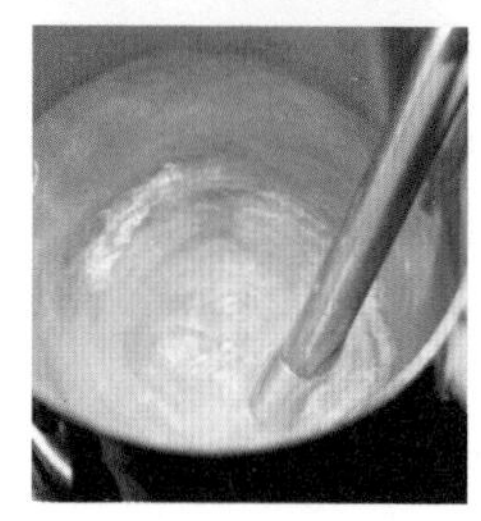

漩涡

因为蒸气棒的蒸气是水流转动的动力，所以当漩涡形成时，蒸气棒应在漩涡中心的外围。

起泡的吱吱声会变成间接式产生，这是蒸气在把粗泡搅细的声音，这时维持手势不动，一直到温度上升到前述的温度范围即可。

初期先用水来练习，是为了让初学者清楚看到起泡和漩涡形成，以及喷嘴埋进水中深与浅的区别。等练习到已经掌握其特性之后，就可以开始用牛奶练习。不过，因为水里头含有的物质和牛奶比起来是少的，所以水比较容易旋转，也比较容易抓到角度和位置。

（要点）

1. 蒸气口埋进水面 2/3 起泡。
2. 水成漩涡状后，将蒸气口放到漩涡中心之外围。
3. 蒸气棒与漩涡面大致呈 30° 角，埋进水面的蒸气口从 2/3 变为 1/3。

进阶练习

基础练习熟练之后，
我们就可以开始进行进阶的部分，
进阶练习也就是
正式开始用牛奶打奶泡。
之前用水练习时，
因为水中没有蛋白质和脂肪的成分，
所以打起来的泡泡会因为没有蛋白质的黏附
和无法联结而很快破裂。使用牛奶就不会发生这种情形。

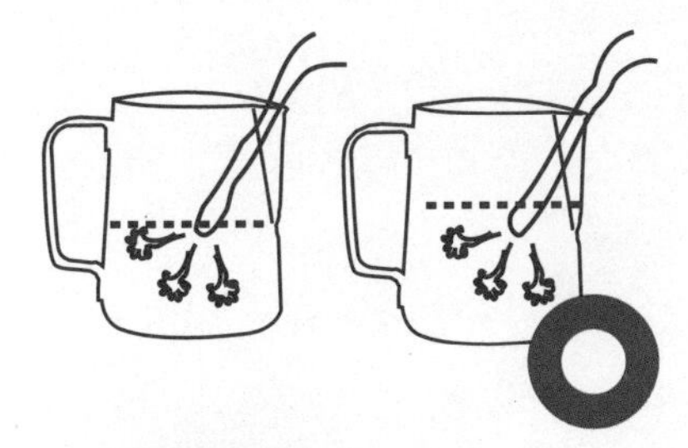

固定蒸气棒

一开始产生的奶泡一定会大小不均，而且一定会发现奶泡的增加会慢慢让奶量看起来变多。这时要注意，当位置选定后，如果奶泡产生均匀且漩涡明显时，就不要再改变蒸气口位置。

移动蒸气棒

这时候很容易犯的一个错误，就是很多人会开始让蒸气口往上移动到牛奶表面。

错误的原因：将蒸气口往表面拉时，会在瞬间产生一个空间，而这突如其来的空间会和蒸气口相冲突，产生大泡泡，结果就需要花更多的时间将奶泡打均匀，最后就造成牛奶过热。

除非是奶泡堆积在表面，蒸气无法将其搅入下面的时候，这时可以稍微让蒸气棒往上移一点，这是因为一开始打出太多的奶泡积在表面，使得蒸气无力将所有奶泡往下搅动，因此这时提升一点蒸气棒的位置，将有助于搅拌。不过这种情况大部分都只会发生在家用机上，如果是营业用机器，就不要移动蒸气口位置。

漩涡

接着就是让奶泡呈漩涡状转动，因为当奶泡以漩涡状转动时，奶泡会因为漩涡固有的惯性而将表面的泡泡全都往下搅动，而且也会将奶泡里多余的空间减缩到最小。

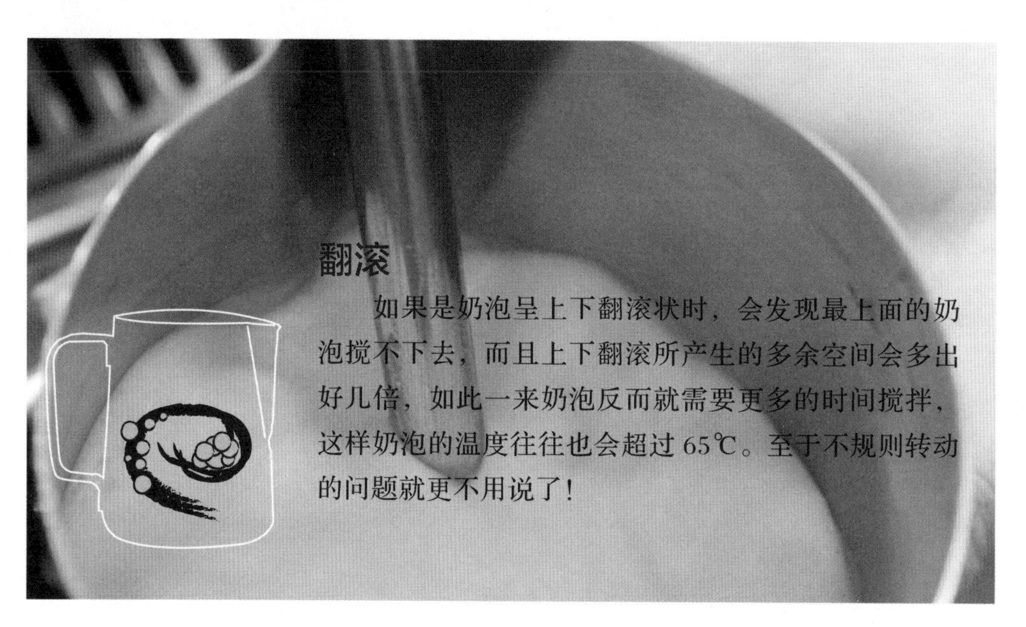

翻滚

如果是奶泡呈上下翻滚状时，会发现最上面的奶泡搅不下去，而且上下翻滚所产生的多余空间会多出好几倍，如此一来奶泡反而就需要更多的时间搅拌，这样奶泡的温度往往也会超过65℃。至于不规则转动的问题就更不用说了！

其实，当蒸气开始打入牛奶的瞬间，就已经开始产生奶泡了，因此接着只要让牛奶转起来，并在搅细和加温的过程中带进更多的空气来产生奶泡，就能让整杯拉花钢杯里的奶泡与牛奶达到最佳的融合状态。如果刻意将起泡时间拉长，则要花更多时间将奶泡搅细，结果就是让牛奶温度过高；同时，奶泡太厚，还要费工刮除造成浪费，甚至会影响口感。

POINT

1. 请使用冰牛奶。
2. 喷嘴深度请勿任意改变。
3. 让奶泡维持漩涡状的搅拌。
4. 打好的奶泡必须维持在20%～25%之间。
5. 温度请维持在55～65℃。

1. 放气　2. 定位置　3. 开蒸气　4. 发泡　5. 旋转　6. 融合　7. 加温

在打奶泡的整个过程中，从开蒸气开始，牛奶就应该是旋转的，因此之前用水练习的基本功就很重要。整个过程中，起泡最多的阶段应该是在一开始，所以初期会有最多的起泡声。接着因为奶泡体积增加，发泡会变成间断性的。因为一直漩涡式旋转，所以在表面发起的奶泡就会被带往底部，使发起的奶泡往下与牛奶融合。当奶泡体积增加到一定程度，蒸气头完全埋进牛奶里后，就不会再起泡，声音也会从明显的发泡声音转为较闷的声音，这时候只要将牛奶温度打到适中即完成了奶泡的制作。

拉花练习

对于初学者来说，
不建议一开始练习拉花，
就马上练习心型或叶子，
应先将基础打稳，以能
稳定控制奶泡倒出的流量
作为目标，
来好好加以练习。

>>>>>>ONE

拉花钢杯的把手会因为品牌的不同而有些许的差异，
这或多或少会影响到整体拉花的手感，
笔者个人习惯将拇指按在把手顶部上，
然后用剩下的四只手指握住把手。
我会注意不将手握紧，
因为当手死死地握住把手时，
摇晃的是拉花钢杯，
而不是奶泡。

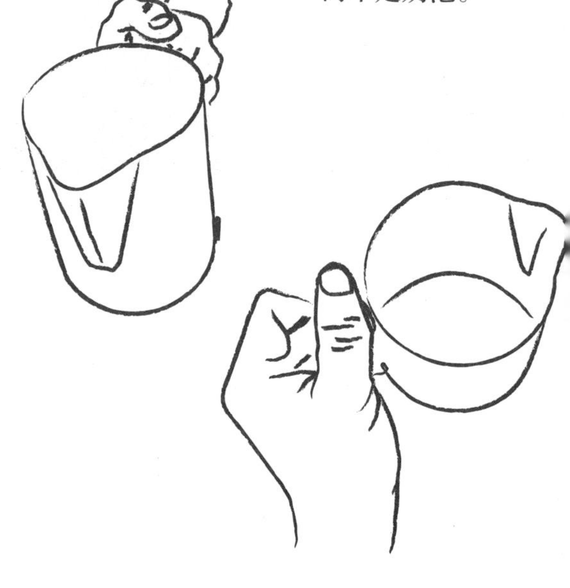

【拉花】
也可称之为甩花，
过程中大部分的动作
都像是在将奶泡从拉花钢杯里甩出去，
但是甩的可不是拉花钢杯，
因为不管怎么用力地去摇晃拉花钢杯，
都不会有漂亮的线条产生。

甩动和施力点

主要注意事项

1 要制作小范围的图形时，拇指要按住把手顶部的位置。

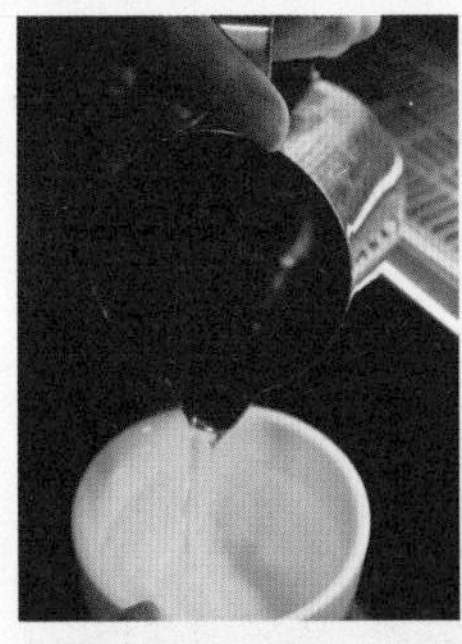
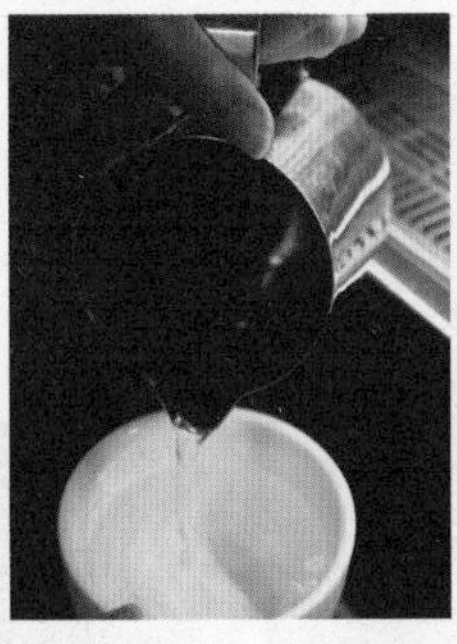
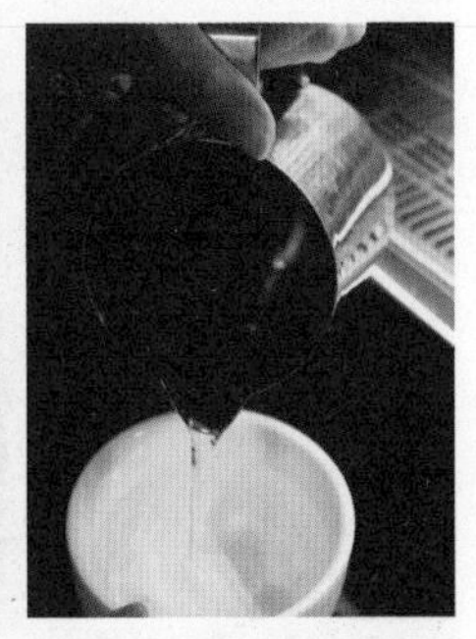

2 制作大范围图形时，要用手腕的关节来控制。

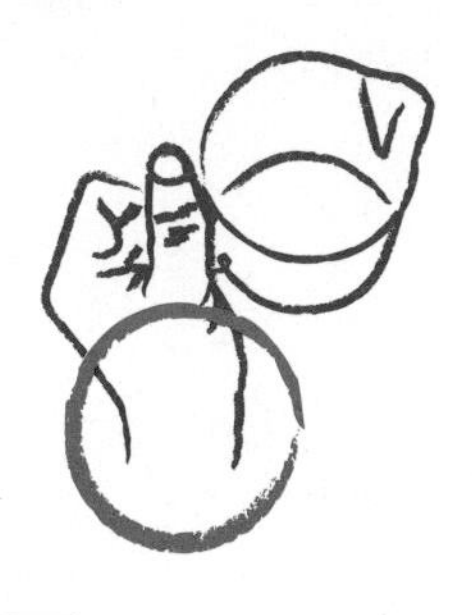

3 当不做甩动的动作时，请提醒自己，大拇指需与拉花钢杯的嘴部垂直，这样才能确保奶泡是从拉花口的中间倒出的。

当然，并不是一定要从拉花钢杯的嘴部倒出奶泡才能拉花，这个动作是在训练能尽量控制奶泡量的稳定，至于能够稳定控制奶泡量的用意、优点，还有应用在什么地方，在后面的内容中将会详述，因此请各位要先好好练习这些基本动作。

>>>>>>>>>>> TWO

SECTION 1

先准备一只水杯或咖啡杯，将水加入拉花奶盅中。可以将水杯拿在手上或是放在桌子上，但刚开始练习还是建议将杯子放在桌上。

接着试着将拉花钢杯中的水倒入水杯中，慢慢地将拉花钢杯拿高，注意此时水柱应仍然保持平稳，并反复地将拉花钢杯拿高和放低，一直练习到倒满为止。

而平稳的表现，就是在水柱倒入水杯中时要没有气泡产生，这才是正确的。

● **手势**

倒的时候，大拇指要压住把手，将拉花钢杯前倾，然后将拉花钢杯的嘴部慢慢往下压。这样做是为了确保先倒出上层的奶泡，而不是最底部的牛奶，因为奶泡的分子小于牛奶，要是牛奶先倒出来，那么就会增加奶泡混合时的难度。如此反复练至熟练，就可进行到下一阶段。

- 控制倒出水柱的水流稳定性。
- 减少水柱倒入时产生的气泡数量。

SECTION 2

熟悉第一阶段的基础练习后，就可以开始使用奶泡来练习

←先将事先煮好置于杯中的 espresso 放在桌上或拿在手上（将杯子拿在手上或放在桌上可自行决定）。

←先把拉花钢杯拿高，再将奶泡往下倒入 espresso 中。

这个地方的练习重点跟第一阶段大致相同，需要注意的就是冲入 espresso 的奶泡，不可以因为奶泡的冲劲，而造成 crema 颜色分布不均。→

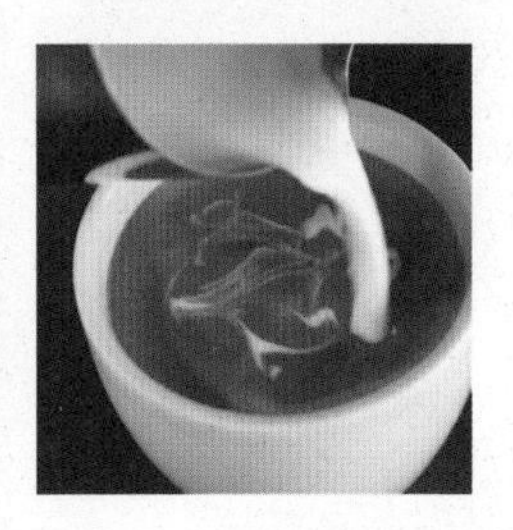

在将奶泡倒入 espresso 时，应该以稳定且缓慢的速度注入，要尽可能地避免奶泡量忽大忽小。倘若注入的奶泡流速忽快忽慢，或流量忽大忽小，都会将 crema 的表面冲坏，而且这样也容易在表层产生气泡，除了造成饮用时口感不均匀外，外观也不美观。

- 倒出奶泡时流量的稳定性。
- 奶泡在倒入咖啡中时应无气泡产生。
- 奶泡倒完后，crema 的颜色应均匀。

拉花练习

在基础练习当中学会了
以稳定的状态并能随心所欲地
控制奶泡的流量之后，
在日后的实际操作过程中，
就不会因为杯子的形状不同而受到影响，
接着就让我们一起正式进入拉花殿堂吧！

concept 1
拉花的成形

首先要了解如何让拉花成形

在基础练习中，我们会发现在奶泡要倒满杯子时，表面都会开始渐渐呈现白色，就如下图所示。随着咖啡越来越往表面填满，到了一定高度的时候，就会出现白色的晕开状，而这个时间点就是拉花的起点，请试着练习精确地加以掌握。

concept 2
拉花的成形困难

在拉花的过程中会发现，有时候尽管已经用力晃动了，但就是没有白色线条。这是因为倒入高度离液面太高、冲力太大。如果拉花钢杯放得太高，会因为重力加速度而使奶泡流下速度太快，下压的力量也就变大，使白色的部分被强劲的奶泡带入底部，这么一来想要成形就不容易了。如下图所示，随着液面升高、冲力减小，白色奶泡就会浮在表面。但在提高钢杯时，前面的白色圆圈就被往底下冲，也就无法拉出花样，这时候就是犯了在拉花时不自觉地将钢杯提起而增加了冲力的错误。

POINT

相反地，如果将拉花奶盅放低，甚至让奶盅嘴部靠近咖啡的表面，我们会发现白色的奶泡就会开始堆积在表层，形成一整片都白色的情况，而这时间点就是拉花的起点，这也是基本功。左边两张示意图都是白色奶泡刚好浮出的起点，我们可以发现，高度和奶泡的量都是一样的。

拉花大致可分为下列几个基本动作

1 高而细 低而粗

高而细

如前文所述，钢杯拉高时会将已制造出的白色花样往下冲，而在刚开始结合时，需要将拉花钢杯拿高倒出细水柱，拿高是为了增加奶泡力道。在水柱倒入 espresso 时，会将白色奶泡带入 espresso 中，并与 espresso、crema 混合，这个步骤非常重要，关系着口感的好坏。

低而粗

将拉花钢杯拉低靠近咖啡，奶泡流速变缓时，水柱的力道会变小，白色奶泡就会开始层积在咖啡表面。刚开始层积时可以慢慢增加倒出来的奶泡量，当往下的流速减缓时，表面的奶泡也会随之层积更多，但切记其范围不能过大，过大则说明冲力增加了。

适当的时机 

所谓适当的时机，取决于想拉的图形复杂度与大小。图形越大越复杂时，建议约在杯子四分满时，就可以将拉花钢杯的嘴部靠近咖啡，慢慢增加奶泡量，让奶柱变粗使之成形。

2 铺奶泡

之前的练习其实就是铺奶泡的预先练习。铺奶泡是为了让奶泡平均层积在 crema 底下，使得白色奶泡比较容易在表面成形，而且图形会比较真实，对比也会比较明显。最重要的是颜色均匀的 crema，会让咖啡的口感一致。

如果开始有颜色不均的情况发生，就表示在同一地方倒入奶泡的时间太久，crema 被冲散、冲淡，解决的方式是将奶泡再移至颜色较浅的地方即可。

在开始倒入奶泡时就要开始注意 crema 的颜色是否都是均匀的，下面有 3 种经常遇到的情况

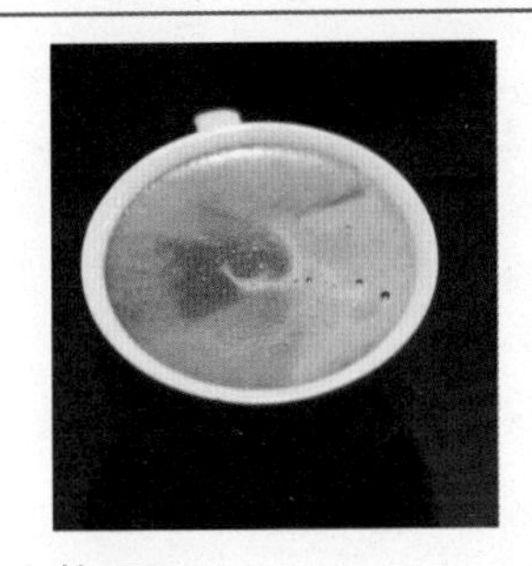

状况一

crema 破散

在刚倒奶泡时，如果奶泡给太多，导致 crema 在初期被破坏，就会看到表面颜色偏白而且不均匀，这样就会使得咖啡的融合不佳，导致咖啡和牛奶混合得较差。

状况二

奶柱忽大忽小

表面颜色有黑有白，靠近白点附近有一块特别白的，就是冲力忽然变大时所冲出的。而表面黑的地方还有白线，那就是冲力忽然变小时所画上的。这种状况同样会造成口感不均衡。

状况三

混合点太靠近杯缘

我们可以发现左边有一个洞，那是因为在混合的时候一直固定在右边，导致奶柱的冲力都往左边冲，因此奶泡都被带到右边，这会造成奶泡分布不均。

将这两点反复练习，倒出一片大的白色圆形，甚至覆盖整个咖啡

建议先从小圆开始，完成后观察 crema 颜色是否均匀、颜色对比是否明显，以此再慢慢渐进到能覆盖整个表面。

Lalle Art

拉花实例

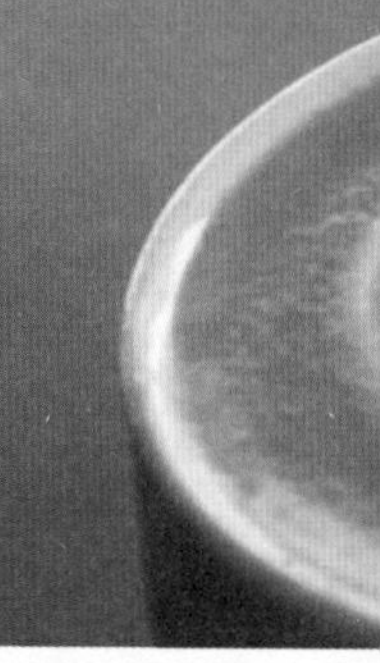

LATTE ART

01

爱心

前面的章节都是练习基本功，接下来则要开始进一步练习拉花变化。之前在练习将白色奶泡倒在表面时，会发现奶泡都会呈圆形，基本的爱心形状则是由圆形衍生出来的。爱心拉花通常有纯白色的爱心以及中间有许多线条的爱心，我们称之为实心和洋葱心。

实心

基本的拉花，以圆为基础，在大小适当时，将拉花钢杯往反方向拉过去，同时间将水柱缩小，拉到底即可完成。重点在于圆圈形成和最后收尾部分，如果已经先将圆圈练熟，那只要抓准收尾时机，就能拉出漂亮的心型。

收尾

收尾时要将奶柱缩小，可用相同的钢杯角度，将钢杯拉高，再往前画过。熟练后可以在画过的同时再将奶柱缩小，这样能避免往上提的过程让白色部分往底下冲，导致爱心变小或变形。而在收尾时如果奶柱没有缩小，爱心就会完全变形，形状会往钢杯走的路线带，圆形会变椭圆或凸出一小块白色。

洋葱心

在同一个位置，利用晃动钢杯将牛奶画过上层奶泡，形成一层层的线条推叠，让往前堆叠的奶泡顺着杯缘推挤往后包围，最后将水柱拉高并且往前收尾。

晃动

晃动的技巧是要晃动牛奶，而不是单纯移动钢杯，可以利用手指做小幅度的晃动，也可以用手腕做大幅度的晃动。我们可以从上图观察到只有牛奶在摆动。牛奶晃动时记得维持牛奶流量的稳定，太少会没有向前推挤的力量，太多则冲力太强会让奶泡往下冲。

02 郁金香

当实心熟练之后，可以开始练习郁金香。多层次的郁金香，靠的是一层层的奶泡堆叠，将每次形成的白色部分往前推动。因此，实心拉花的练习相当重要，要做到每次都明确地出现白色。如果不顺手，可以重新练习实心，抓准白色奶泡浮在表面的时机，记住奶泡量与高度。

①

郁金香的练习，建议从两层开始。记住在实心练习中出现白色圆圈时就可以停止，接着往后一点用相同的奶泡量和高度往前推挤，就会有两层的效果。等熟悉之后，再慢慢把层数增加。

开始练习两层郁金香，要记住在实心练习时的动作，当有白色圆圈出现的时候就可以停止，接着往后一点用相同的奶泡量和高度往前推挤，在圆圈上方再用牛奶推出一个爱心，就会有两层的效果。

在两层郁金香熟练后，可以试着练习多加一层。由于需要多加一层，所以前两层的节奏要加快，才有时间去完成最后的爱心。

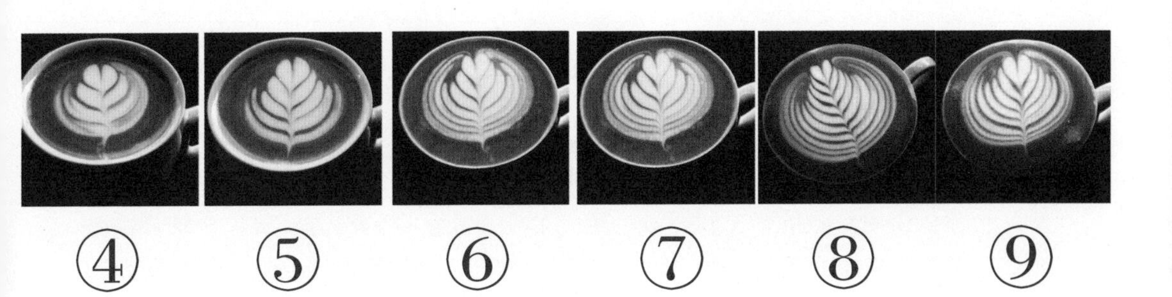

④　⑤　⑥　⑦　⑧　⑨

接着可以慢慢地练习加层数，层数越多，所需要的流动性要更高，开始拉花的时间要提早，且每层的节奏要加快，否则奶泡硬化后就比较难推动。在推的时候要注意节奏和奶泡量的稳定，并且注意每次下手的位置，才会层次分明，每一层的宽度都一致——这是最终的目标。

03 叶子

叶子在拉花的图形中是最容易形成的图案之一，因为只要有晃动和移动，线条自然就会形成，但是要拉到好看，就多了几个要注意的地方：要注意钢杯嘴是否没有歪斜，晃动的频率是否一致，往反方向移动的速率是否稳定，与杯子奶泡的高度是否相当，奶泡的出奶量是否适当等。这么多条件组合在一起，才能构成大小适中、黑白分明、对称的叶子。但这是终极目标，一开始可以从黑白分明的叶子做起，再一步步达成其他要求。

ROSETTA

洋葱心的延伸

洋葱心熟练之后，可以练习展开的叶子和没有展开的小片叶子。两种叶子的差别在于往后拉的时间点不同，造成往前扩展程度不同的形成状态。

ROSETTA 1

ROSETTA 2

Rosetta 1

第一种叶子是有包覆形态的，所以与练习洋葱心一样，一开始先晃动让线条慢慢往周围包覆，而当奶泡往外包覆时，就可以顺势往反方向慢慢移动，通过往反方向晃动的路径拉出叶片。

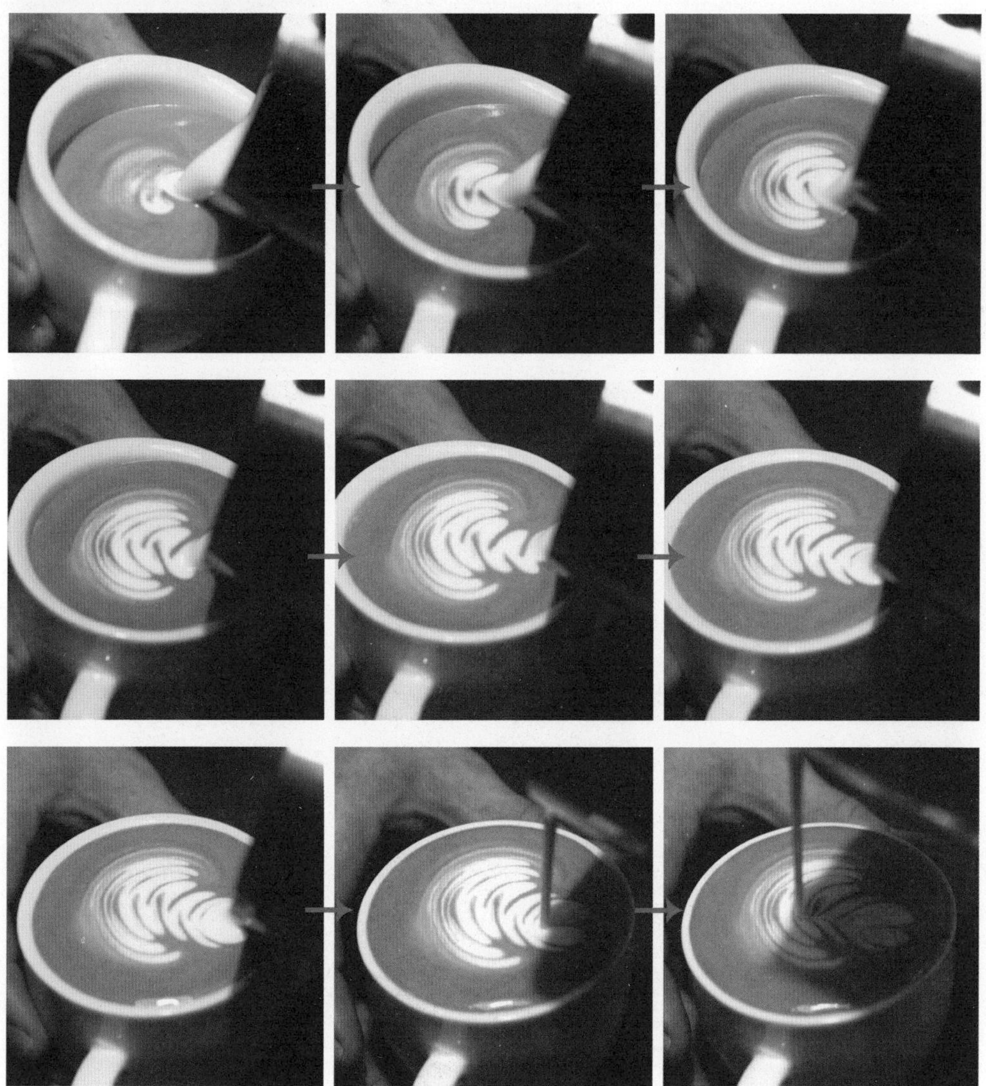

ROSETTA 2

第二种形态的叶子是没有包覆的，因为不让它包覆，所以在晃动出现白色的时候，就要马上往反方向移动，叶片自然就会随着移动的路径上色。

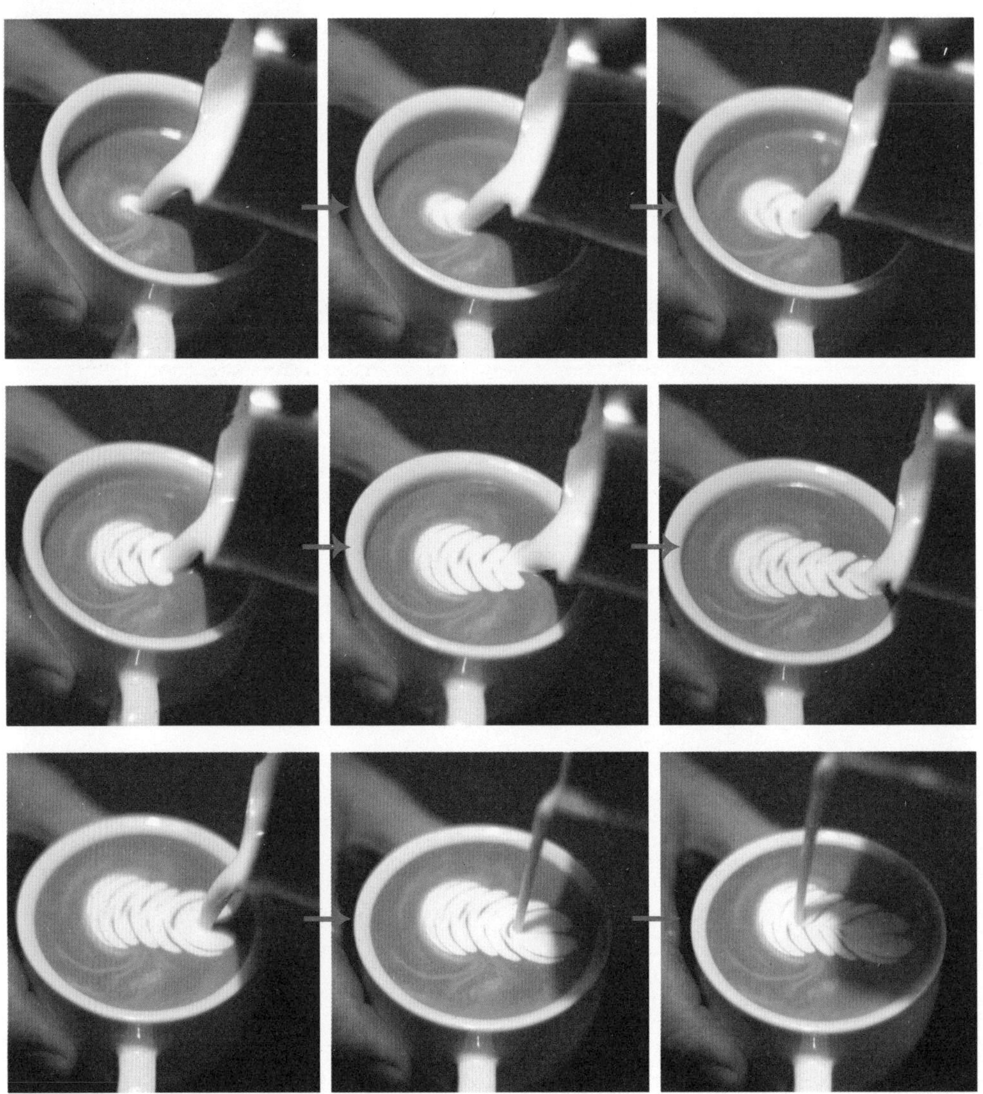

组合

其实大部分的复杂拉花，都是由基本功加以组合后展现的。不管是倒的角度、分量，还是晃动的力道，都需要稳定而熟练，因此基本练习的每个步骤都相当重要。接下来将示范几个基本组合图形的方向和技巧。

爱心、郁金香、叶子，熟练之后就可以试着将不同的元素组合，并可以试着自由发挥，拉出一些有趣的图形。

翅膀

两个单叶组合起来，在收尾的时候往叶子边缘收尾，就会成为翅膀。

翅膀是由两个没有包住的单片叶子组合成的，因为翅膀的分布是左右两边，所以起始点要从左边或右边开始，可依个人习惯而定。前面步骤和拉单叶相同，不同的是在收尾时，单叶要从中间画过，而翅膀则是从靠内的线条边缘收尾。另一边也是同样的手法，另外还要注意左右对称。

叶子·郁金香

组合 1

将叶子和郁金香结合，利用转动杯子让它形成不同花样。

①先利用晃动拉出叶片，在往后到一半的时候停止，接着将杯子反转 180°，再接着进行拉郁金香的步骤。②在推的过程中也要注意奶泡的量和高度，一层一层将郁金香堆叠出来。③最后在收尾时，要特别注意，如果中间过程速度太慢，奶泡已经浮上来，流动性就会变差，因此建议先从较少的层数开始练习。

叶子·郁金香

组合 2

将叶子和郁金香结合，先推郁金香，再拉叶子。

①一开始用推郁金香的技巧，要注意倒奶泡的节奏，可以将杯子倾斜，加长作图的时间，但还是要注意刚开始的融合。②接着用拉单片叶的技巧，在往前推的时候，有白色出现就往后拉。③最后在收尾的时候，也是要将奶柱拉高或缩小往前拉去。

叶子 · 郁金香

组合 3

将叶子和郁金香结合，先拉叶子，再推郁金香。

①首先用 **Rosetta 1** 的叶子技巧，先做出线条再往后拉。②拉到快结尾的时候停止，再来用推郁金香的技巧推实心出来。③通常越早开始推郁金香，可以推出的层数会越多，结尾记得缩小或拉高。

叶子·郁金香

组合 4

当反转的叶子郁金香组熟练之后，可以尝试反转再转回来，这里先示范晃动叶子反转推郁金香，转回来再推一次郁金香。

①开头先晃动制造一些线条出来，但不要急着往后拉，停住把杯子反转接着再用推郁金香的技巧。②推郁金香的时候，推几层都可以，但要留一些空间好待会转回来做另一部分。③转回来的时候也是靠推郁金香的技巧，最后收尾可以停在中间也可以拉到底，看自己想要什么效果。

天鹅

想要试试展翅天鹅吗？翅膀加上爱心手法做出身体，再往上提做一个小爱心就可以形成天鹅头部。

①还记得前文中翅膀的应用吗？请利用 **Rosetta 2** 的手法，当白色部分出现就往后拉。②接着在叶子边缘收尾，并在对边制作一样的小叶片，收尾的时候要记得都在内侧收尾。③最后在叶子尾段利用实心的技巧先做一个小圆，在圆的一边往后拉起来，并且在尾段再制作一个小实心。

天鹅·湖

这是用晃动的洋葱心，再加上郁金香的技巧，所呈现的图案。

①开始的时候利用洋葱心的晃动技巧晃出一个爱心，但不收尾。②接着下一步用郁金香的推动技巧，推出一个实心的圆。③再从圆的其中一边往上拉，在适当的位置画一个小圆，并往前收尾形成一个小爱心。

雪花

这个图案是 Rosetta 2 的延伸，将几片单叶从中心点开始拉出。

①第一片叶子尽量不要晕开，从中心点拉起，拉到边缘就收尾，接着将杯子转动。②在收尾的时候可以在中心点停留一下，将所有小片叶子再往中心集中。

WAVE 郁金香

用小片叶的小幅度晃动，在杯子的周围绕出水波，接着在中心推出郁金香。

①先在杯子的边缘小幅度晃动，但不要往后拉，要稍微往前推让白色的奶泡绕圈。②等绕到要包起来的时候，再往中间移动，并且先做一个实心的圆圈。③接着就依照基本郁金香拉法推出图案。

Chapter 5

比赛

漫谈咖啡大师比赛

咖啡大师比赛是表现吧台管理的最好方式！

在吧台里，如果只是摆上咖啡机和磨豆机，其实不会太复杂，因为只是要做咖啡而已，但如果要加快速度，在一定的时间内完成指定的饮品，那就会是一项挑战。咖啡大师比赛正是如此！

咖啡大师比赛是针对意式咖啡在 15 分钟内做出 12 杯饮品

其中包含有：

4 杯意式浓缩咖啡、

4 杯卡布奇诺、

以及 4 杯以浓缩咖啡为基底的招牌咖啡。

在这15分钟内，除了完成这12杯饮料的制作，还要适时地解释制作过程和选配方向。可能有人会认为，每个人都是用一样的机器，冲煮的结果应该不会差太多。但事实上，在制作过程中却会表现出很大的不同，这也是比赛具有可看性的地方。

既然是比赛，那就一定会有规则的限制与得分的标准。在开始详述比赛规则之前，让我们先了解一下评分规则。整场比赛一共会有7位评审：

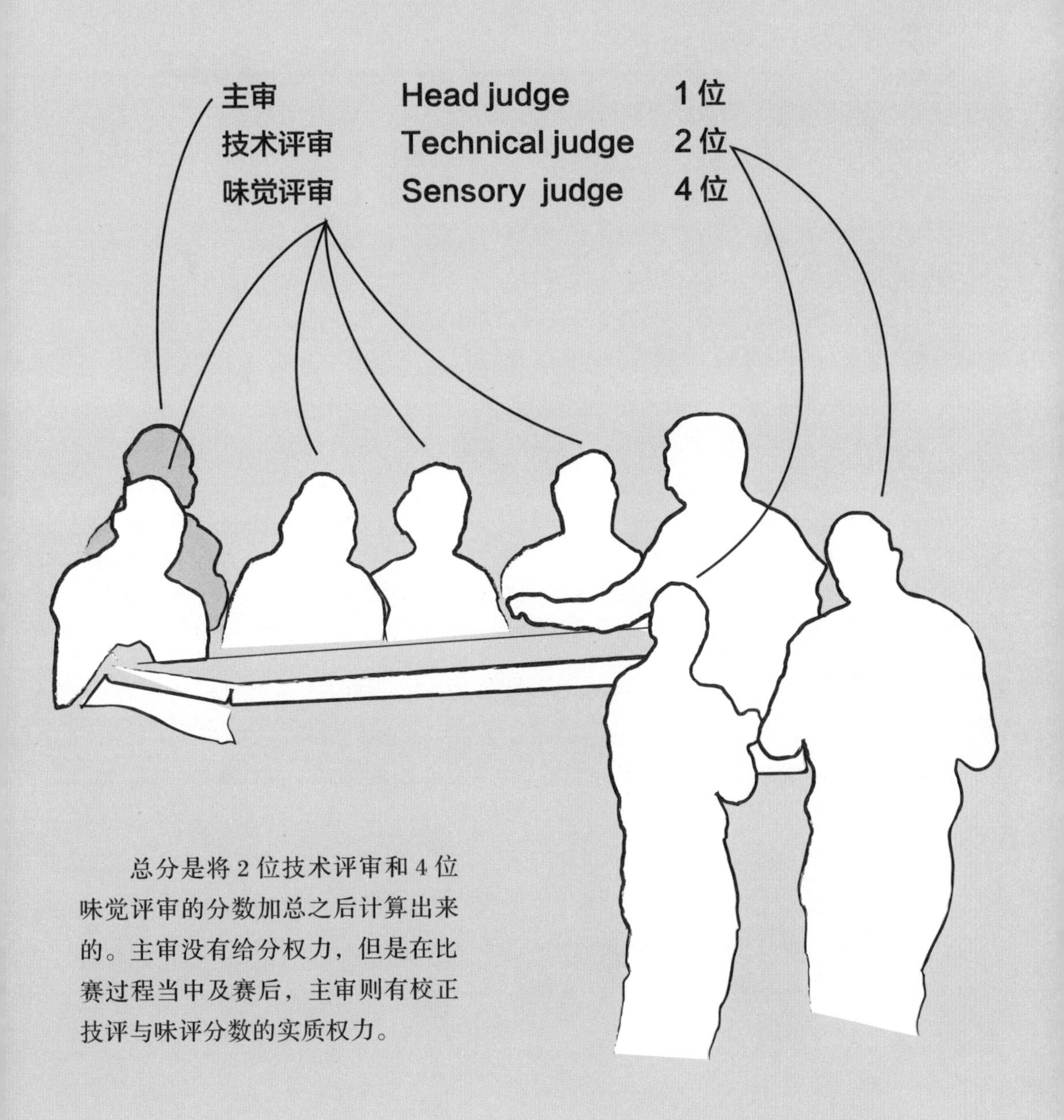

总分是将2位技术评审和4位味觉评审的分数加总之后计算出来的。主审没有给分权力，但是在比赛过程当中及赛后，主审则有校正技评与味评分数的实质权力。

主审 Head judge

主审同时身兼技评与味评两个角色。咖啡是一种饮料，本来评判就会比较主观，所以让主审跳开评分的机制，可以让比赛整体更客观一些。

味评 Sensory judge

味评，顾名思义是针对咖啡的味道来给分，将人数增加到4位也是要增加评分的客观性。这4位评审或许在味觉上各有不同，但是通过相同的规则，自然可以拉近彼此之间的差距。但是味觉毕竟还是有喜好不同，通过4位评审的差异，从中找出其差异点。当同一项分数差异大时，主审就会以仲裁的身份来做最后的评判。

技评 Technical judge

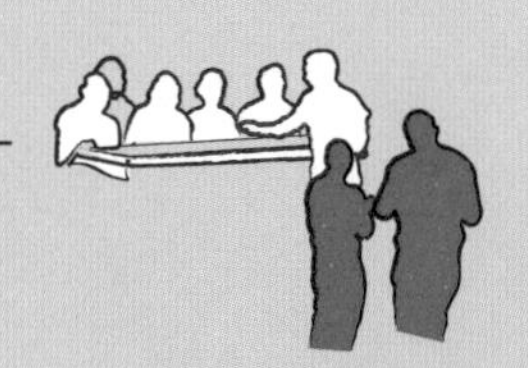

技评的主要工作是检查参赛的咖啡师的动作流畅度与吧台管理能力。简而言之，就是从开磨豆机、上把手到冲煮头等步骤，是不是都干净利落且没有多余的动作。

介绍完评审之后，接下来就是评分表。咖啡大师比赛依照2011WBC的规定，总分为870分，其中加总了2位技评评审与4位味评评审的分数。右页3张分别为主审评分表、技术评分表和味觉评分表。在开始比赛之前，选手的基本课题就是将这评分表的项目与给分方式牢牢地记住，这样能让选手自发性地想到下一个评分的项目，而对相应的问题保持警觉，这样一来自然而然就会让选手的整个流程更加完整而无遗漏。

接着让我们来看看平常很难有机会看到的 WBC 世界咖啡大赛的评分表。

【主审评分表】

WBC

World Barista Championship: Head Judge Score Sheet

Country: Competitor: Head Judge:

Part I - Station Evaluation At Start-Up & At End

Comments:

Part II - Espresso Evaluation

Comments: Shot 1: ______ seconds Shot 2: ______ seconds

Taste Evaluation of Espresso — 0 to 6

Taste balance (harmonious balance of sweet/acidic/bitter)

Tactile balance (full bodied, round, smooth)

Part III - Cappuccino Evaluation

Comments: Shot 1: ______ seconds Shot 2: ______ seconds

Taste Evaluation of Cappuccino — 0 to 6

Taste balance (served at an acceptable temperature, a harmonious balance of rich sweet milk/espresso)

Part IV - Signature Beverage Evaluation

Comments: Shot 1: ______ seconds Shot 2: ______ seconds

Evaluation of Signature Beverage — 0 to 6

Taste balance (according to content, taste of espresso)

Ingredients verified (no alcohol was used) — Yes No

Part V - Barista Evaluation & Total Impression

Comments:

Within timeframe of 15 minutes: **Yes** or **No** If "No": Time Overdue: ______ seconds Negative Points: ______ **-60 Max.**

Transferred totals from all six score sheets: Two Technical Scores + Four Sensory Scores (- Overtime) = Competitor's Total Score

T1 ☐ + T2 ☐ + S1 ☐ + S2 ☐ + S3 ☐ + S4 ☐ Minus (-) Overtime ☐ (-60 Max.) Total Score = ☐ (Out of 870)

Note: The Head Judge's scores do not count towards the competitor's total score.

【技术评分表】

WBC

World Barista Championship : Technical Score Sheet

Country: ____ Competitor: ____ Technical Judge: ____

Part I - Station Evaluation At Start-Up

Comments:

Competition Area	0 to 6		
Clean working area at start-up/Clean cloths			
	/6		6

Part II - Espresso Evaluation

Comments: Shot 1: ____ seconds Shot 2: ____ seconds

Technical Skills	0 to 6	Yes	No
Flushes the group head			
Dry/clean filter basket before dosing			
Acceptable spill/waste when dosing/grinding			
Consistent dosing and tamping			
Cleans porta filters (before insert)			
Insert and immediate brew			
Extraction time (within 3 second variance)			
	/12	/5	17

Part III - Cappuccino Evaluation

Comments: Shot 1: ____ seconds Shot 2: ____ seconds

Technical Skills	0 to 6	Yes	No
Flushes the group head			
Dry/clean filter basket before dosing			
Acceptable spill/waste when dosing/grinding			
Consistent dosing and tamping			
Cleans porta filters (before insert)			
Insert and immediate brew			
Extraction time (within 3 second variance)			

Milk		Yes	No
Empty/clean pitcher at start			
Purges the steam wand before steaming			
Cleans steam wand after steaming			
Purges the steam wand after steaming			
Clean pitcher/Acceptable milk waste at end			
	/12	/10	22

Part IV - Signature Beverage Evaluation

Comments: Shot 1: ____ seconds Shot 2: ____ seconds

Technical Skills	0 to 6	Yes	No
Flushes the group head			
Dry/clean filter basket before dosing			
Acceptable spill/waste when dosing/grinding			
Consistent dosing and tamping			
Cleans porta filters (before insert)			
Insert and immediate brew			
Extraction time (within 3 second variance)			
	/12	/5	17

Part V - Technical Evaluation

Comments:

Technical Skills	0 to 6	Yes	No
Station Management			
Clean porta filter spouts/ Avoided placing spouts in doser chamber			
	/6	/1	7

Part VI - Station Evaluation At End

Comments:

Competition Area	0 to 6	Yes	No
Clean working area at end			
General hygiene throughout presentation			
Proper usage of cloths			
	/6	/2	8

Technical Score
(Total of this score sheet) ____ Out of 77

Evaluation Scale:
Yes = 1 No = 0
Unacceptable = 0 Acceptable = 1 Average = 2 Good = 3 Very Good = 4 Excellent = 5 Extraordinary = 6

【味觉评分表】

WBC

World Barista Championship: Sensory Score Sheet

Country: ______ Competitor: ______ Sensory Judge: ______

Part I - Espresso Evaluation

Comments:

Taste Evaluation of Espresso	0 to 6		
Color of crema (hazelnut, dark brown, reddish reflection)			
Consistency and persistence of crema			
	/12		
	0 to 6		
Taste balance (harmonious balance of sweet/acidic/bitter)		x 4 =	
Tactile balance (full bodied, round, smooth)		x 4 =	
		/48	
Beverage Presentation	Yes	No	
Correct espresso cups used (60-90 mL with a handle)			
Served with accessories (spoon, napkin and water)			
	/2		62

Part II - Cappuccino Evaluation

Comments:

Taste Evaluation of Cappuccino	0 to 6		
Visually correct cappuccino (traditional or latte art)			
Consistency and persistence of foam			
	/12		
	0 to 6		
Taste balance (served at an acceptable temperature, a harmonious balance of rich sweet milk/espresso)		x 4 =	
		/24	
Beverage Presentation	Yes	No	
Correct cappuccino cups used (150-180 mL with a handle)			
Served with accessories (spoon, napkin and water)			
	/2		38

Part III - Signature Beverage Evaluation

Comments:

Evaluation of Signature Beverage	0 to 6		
Well explained introduced and prepared			
Look and Functionality			
Creativity and synergy with coffee			
	/18		
	0 to 6		
Taste balance (according to content, taste of espresso)		x 4 =	
		/24	
			42

Part IV - Barista Evaluation

Comments:

Customer Service Skills	0 to 6	Yes	No	
Presentation: Professionalism				
Attention to details/All accessories available				
Appropriate apparel				
	/12	/1		13

Part V - Judge's Total Impression

Judge's Total Impression	0 to 6		
Total impression (overall view of barista's presence, correlation to taste scoring, and presentation)		x 4 =	
		/24	
			24

Sensory Score
(Total of this score sheet) ______ Out of 179

Evaluation Scale:

Yes = 1 No = 0

Unacceptable = 0 Acceptable = 1 Average = 2 Good = 3 Very Good = 4 Excellent = 5 Extraordinary = 6

在看过评分表后，我们会发现最下方有一个分数的对照表。因为咖啡比赛中有一部分是通过味觉来评断的，所以会因每个人的主观性而有感受的差异，因此比起制式比赛中以 1 分、2 分来评断计分，咖啡大师比赛则以更精准的文字叙述来作为评分的方式。

Unacceptable = 0	Acceptable = 1	Average = 2	Good = 3	Very Good = 4	Excellent = 5	Extraordinary = 6
不可接受	可接受	普通	好喝	很好喝	优秀	极优秀

用文字叙述的好处是，文字是我们对食物最直接的反应描述，
所以大脑直觉是好喝时，
就应该给到好喝的分数。
单纯用数字给分的主观性较强，
也容易发生当喝到一杯好喝的咖啡时，
却只给 2 分这种不够客观的情况。
接着就是将评分项目加以拆解，开始找出目标分数。

以下是目标分数拆解：

Item	Score	%
Espresso Taste/Tactile Balance	192	22%
Cappuccino Taste Balance	96	10%
Signature Drink Taste Balanc	96	10%
Overall Impression	96	10%
Yes/No	60	8%
Consistent Dosing & Tamping	36	4%
Acceptable Spill/Waste	36	4%
Clean work area	24	2.5%
Color of Crema	24	2.5%
Consistency/Persistence Crema	24	2.5%
Capp Visual Appearance	24	2.5%
Capp Consist/Persist Foam	24	2.5%
Well Explained/Presented Sig	24	2.5%
Appealing Look	24	2.5%
Creative Sig Drink	24	2.5%
Professional/Dedicated/Passion	24	2.5%
Attention 2 detail	24	2.5%
Station Management	12	1%

从以上列表可以发现，得分重点都是在味觉上，这一部分将近 400 分的分数是左右着能否进入复赛的绝对关键。因此，比赛初期的重点就是要将七成的味觉分数牢牢抓住。

以获取高分为目标的意式浓缩练习

比赛练习时间的规划是 3 个月，每个月都有一个主题，而第 1 个月就是要将味觉分数稳稳抓在手上。味觉的部分有意式浓缩、卡布奇诺、招牌咖啡，而配分比例最重的就是意式浓缩。

浓缩 1 浓缩冲煮技术的基本练习

每次练习以 10 个 shot 的浓缩为一单位，也就是要煮出 20 杯的浓缩咖啡。

——以每一杯都煮出一样的量为目标，并且要对应到时间——

假设第一个 shot 的时间是 25 秒 2oz，接下来 9 个 shot 都必须控制在 3 秒内的误差，而量也必须是 5mL 以内的误差。

所以在 20 杯的浓缩咖啡里，只要有一杯浓缩的时间是低于 24 秒或超过 26 秒都是不合格。同样，要是任何一杯的量超过 55mL 或低于 45mL 也都不合格。

前页所述是针对比赛所规划的第一个月的基本练习。因为咖啡机可以提供稳定的水量与水压，所以不合格的话都是因为不稳定的填压与填粉，只要填压与填粉不稳定，就会影响到萃取时间和量。此外，还会影响到味觉判断的稳定。不稳定的冲煮就无法将配方真正的风味完全萃出。

基础练习小技巧

初期在练习填粉时，可以在填粉结束后、填压之前，将填好粉的把手称量一下，以确定每一次的粉量，这时也请注意粉量必须在 + 0.5g 的范围之内。

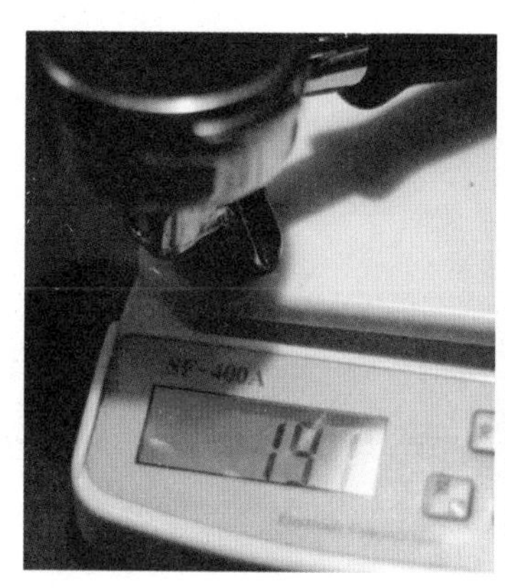

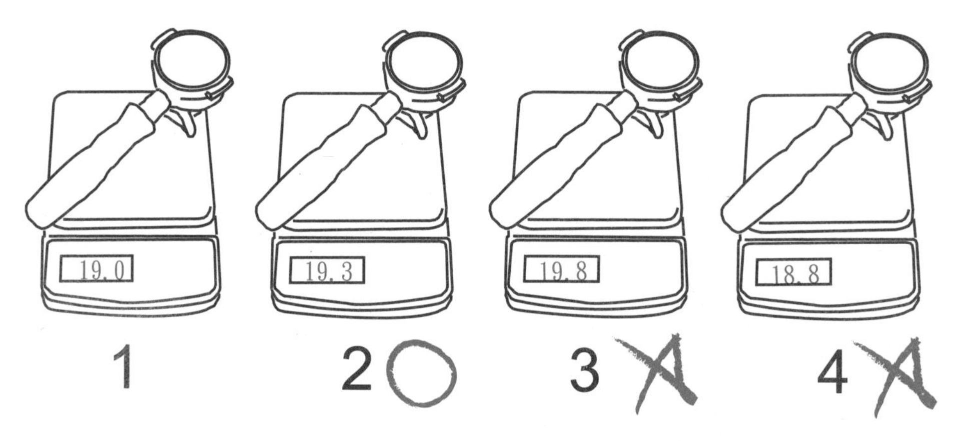

假设第一次的粉量是 19g，那么接下来的粉量就不可以低于 19g 也不可以超过 19.5g。

练习初期可以每一次都利用电子秤来确认粉量的多少，但是为了不要太依赖电子秤，建议前 5 次的填粉可以使用电子秤，接下来 5 次就必须利用前 5 次的经验积累，让粉量落在 + 0.5g 的范围内。此技巧请参阅“基础意式萃取”。

接下来就是连续萃取 10shots 且都在允许范围内——

X 10

允许范围：
每一个 shot 都在 3 秒误差内的时间
每一杯的浓缩量都在 2mL 内
每一次的残粉都在 1g 内
填压稳定

当稳定后，开始进入调整练习

浓缩的味觉与触觉是分开评分的。在喝之前有一个重要的动作，就是将小汤匙放入浓缩咖啡中，往前往后各搅动 2 次，这是为了让上层浓缩油脂可以充分混合，以求喝起来不会产生差异。

搅拌完后至少也要喝 2 口，来确认味道。

味觉要注意酸、甜、苦的平衡，所谓平衡是酸、甜、苦 3 种味道在舌面上的变化。如果将整个舌面分成前、中、后三等分，酸、甜、苦 3 种味道就必须同时出现在舌尖、舌中、舌根，这才是所谓酸、甜、苦平衡，任何一个味道太过突出都算是不平衡。

接下来则要在稳定的浓缩咖啡里，找出至少 3 个对味觉的描述，以及 1 个对浓缩咖啡口感的描述。

浓缩风味叙述之一 ____________________

浓缩风味叙述之二 ____________________

浓缩风味叙述之三 ____________________

口感风味叙述 ____________________

等到冲煮技巧稳定，对配方充分了解之后，让我们来看评审评比意式浓缩时的第一眼在看什么？

- 浓缩咖啡的容量至少要有 30mL（±5mL）
- 咖啡液要有三种颜色：黑褐色、赭红色、榛果色

在评比颜色的时候，选手可以说明并讲解自己最佳浓缩的颜色，评审则会对选手讲解的内容再加以对照。如果选手对颜色叙述不多，将会以比赛的规则去判断。

下图是一杯表面颜色评分在 4.5 的范例。

在颜色上，一眼就可以看出它同时具备了 3 种标准颜色，因此基本分数就会是从“good”开始评起，而评审接着就是看颜色在杯子里的分布比例，分布越均匀，相应地分数就会越高。

右页内容将以更多照片范例来让各位能更加了解颜色分布的差异与相应的评分。

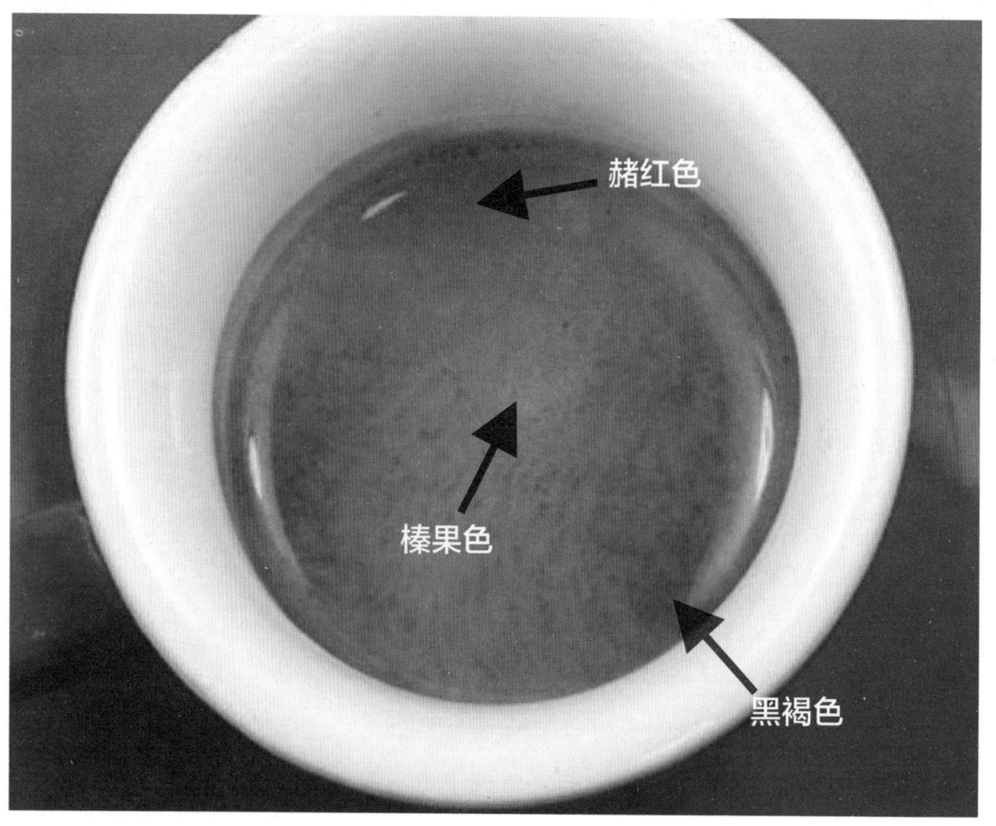

【以不同的颜色分布状况，来了解其所对应的分数】

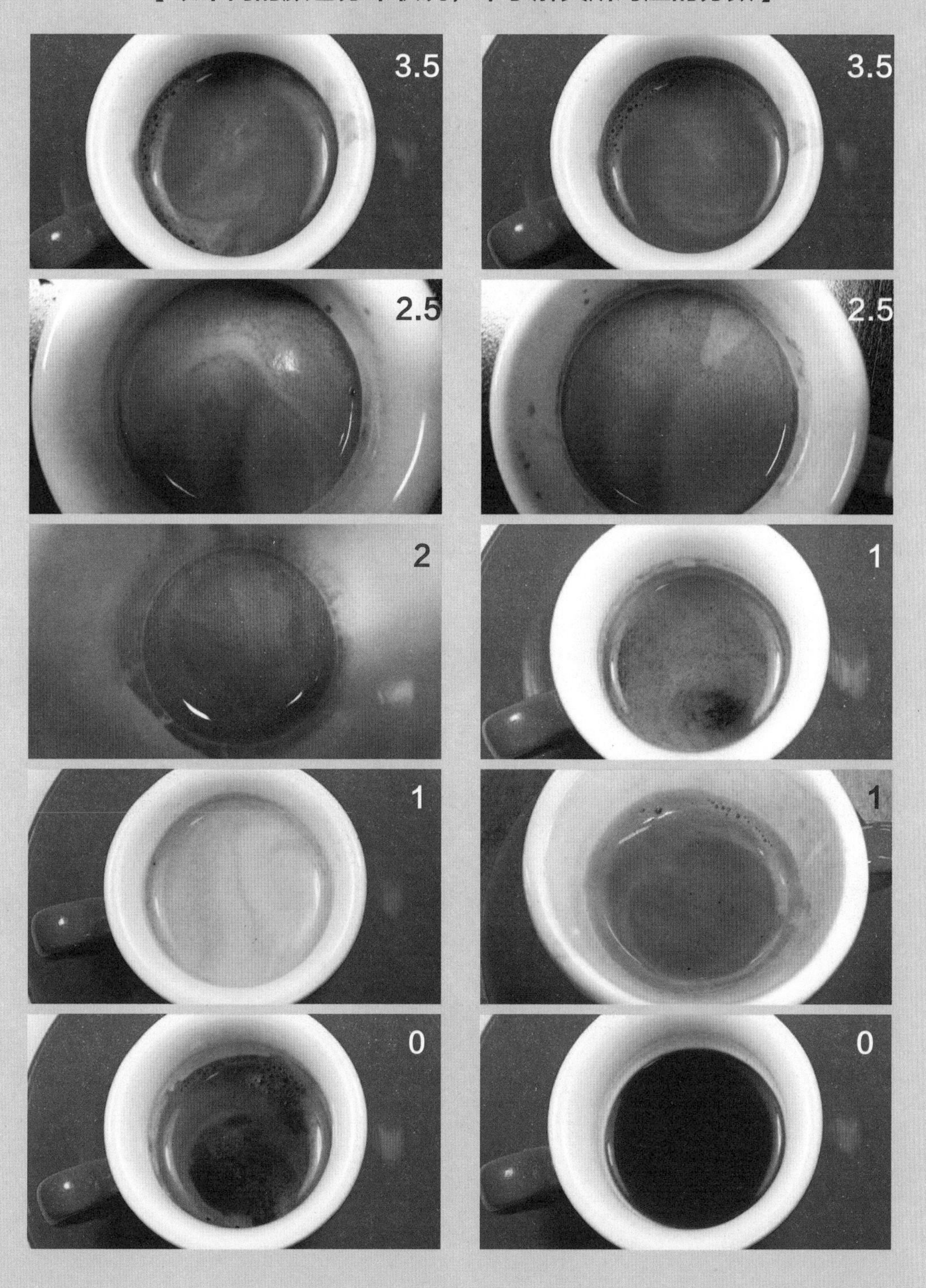

2 卡布奇诺

图案的评分项有：

①图案对称

②颜色对比

③咖啡圈的品质

④表面是否光滑

卡布奇诺因为加了牛奶，所以表面需要拉花，也就是在表面制作图案。图案的复杂度并非评分重点，因此拉复杂的图形并不是个好的策略，图案越简单越容易拿高分。

图案对称　　图案不对称

对称

对称的图形基本上是看图案和杯子边缘的距离是否上下左右都一致。

颜色

对比好

对比差

光亮

表面光滑有亮面

表面不光滑无亮面

奶泡的品质评分项目

卡布奇诺的奶泡在推开后，至少要有 1cm 的厚度，被汤匙推起的奶泡需要有基本的流动性，太厚或太稀都不好。另外，奶泡中也不可以有粗泡。

【照片示范】

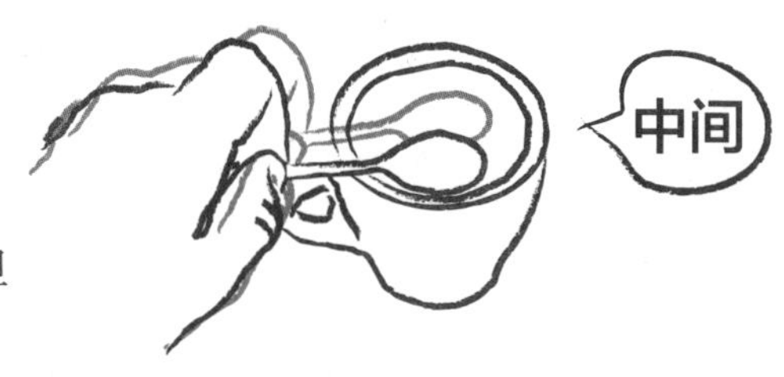

① 推奶泡的方式

推奶泡时要注意从杯缘往前划去，但不能推到底，只能推到中间。

② 何谓 1cm 的奶泡

在推开的时候，不能看到有咖啡的部分。

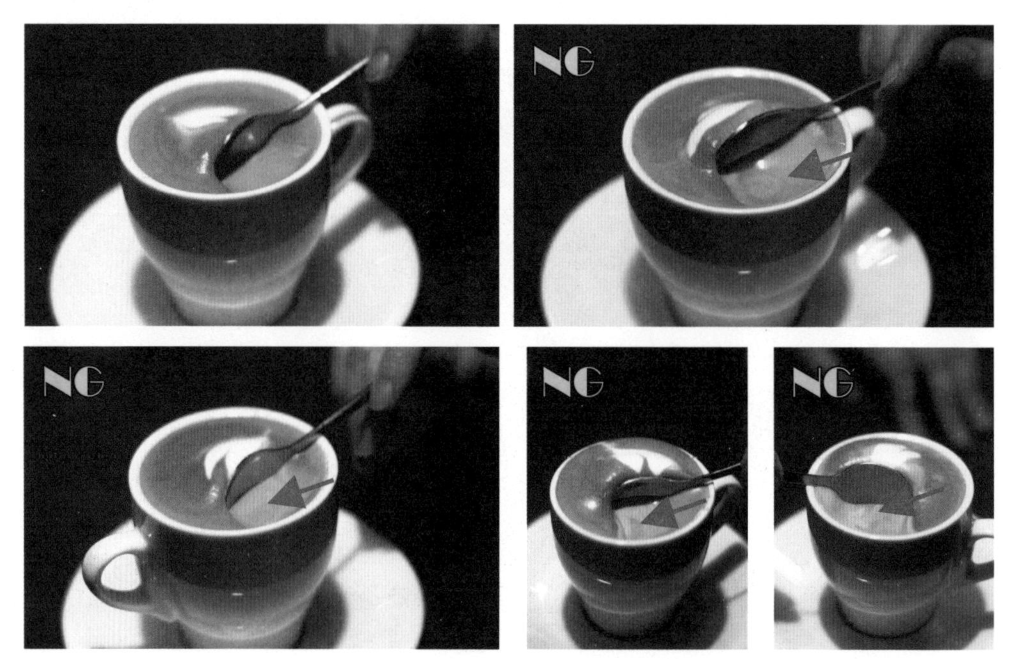

奶泡的流动性

奶泡流动性的优劣可以从拨开时，被拨空的地方奶泡恢复的程度，和拨起来的奶泡是否立起来并且恢复来判断。

较好的流动性

观察下图会发现，奶泡在拨开的时候，上层奶泡会往拨空的地方恢复；而在往上拉起时，奶泡有一定的弹性，并且马上就会恢复。

较差的流动性

较差的流动性就如下图，我们会发现在拨开的过程中，奶泡往拨空的地方恢复得很少；在往上拉之后，奶泡就硬化了。

咖啡大师比赛的最后一项就是招牌咖啡（Signature beverage），这个是针对浓缩咖啡配方做出一杯专属咖啡师个人创意的咖啡。招牌咖啡的材料没有限定，只要是非酒精类的食材，都可以用在招牌咖啡当中作为材料。

3 招牌咖啡

招牌咖啡的重点不在于要多么地创新，而是着重在结合的部分，因此在构思招牌咖啡时请仔细思考以下问题。

[完整地解释、介绍，准备外观与功能性]

要用创新的手法重新阐述同一杯咖啡，运用外加的物料与咖啡紧密地结合。另外，咖啡师还要正确地引导评审品尝他制作的招牌咖啡。在招牌咖啡的制作过程中，选手要先对自己制作的咖啡了如指掌，最好能够对咖啡豆的生长环境、种植方式到后续处理等事项，都巨细靡遗地通盘了解。

咖啡在冲煮阶段之前都需要经过烘焙的过程，而咖啡豆在烘焙后所剩余水分的多少，则会影响到咖啡风味的走向。利用深焙或浅焙所能带出的咖啡风味，也会大大地不同。如果选手所选择的咖啡豆是浅焙的，那么它的果酸味道就会比深焙的咖啡豆明显。为了使其浅焙的特性可以让评审品尝到，选手就可以利用相关的素材来做加强，这也是选手“Signature”最基本的出发点。

慎选配合的器具

太大的杯子容易让咖啡的风味下降，让人无法联想咖啡与其他素材的结合，下图就是美国某区的一个 Signature 范例。

其本来用意是想用气泡将浓缩咖啡的香气释放得更极致，而浓缩咖啡与气泡结合时，会改变浓缩咖啡原有的口感，以此让浓缩咖啡展现出完全不同的面向。但是，我们可以看到他所使用的器具中，过大的杯子让人不知如何开始喝，不成比例的浓缩咖啡与气泡水，也将浓缩咖啡原有的味道破坏殆尽，这么一来想要得高分就困难了。

选对杯子

如果以同样的想法为出发点，但是在器具上稍微改变，选用高脚杯的话，就可以获得完全不同的效果。因此，制作“Signature”时，记住要将咖啡豆的资讯事先备齐，资讯越充足在制作过程中就越不容易被限制住，也可以由此激发出最好的组合。

15 分钟是多久？作者的经验分享……

我第一次看到咖啡大师比赛是在美国工作的时候，那时因为需要咖啡，所以找到了 Cuvee coffee roasting。当时的我对于比赛并没有什么概念，至于比赛内容也不是很清楚，只是后来在与 Cuvee coffee 越来越熟稔之后，一次偶然机会，在区赛中担任了选手的助手，这也带领我进入另一个不同的咖啡世界。

赛前，在后台的等待时间里，我看到每位选手都在角落来回走动着，并且在口中练习着相同的台词。随着台词，他们还练习着手部动作。这时，一旁的我不免好奇地回头看了看自家的选手，是的，他也在做着同样的练习动作。

当时的我心里想着：不过就是在 15 分钟内煮完 12 杯咖啡，有这么难吗？而且都只是一些基本动作，需要那么紧张吗？所有东西不都准备好了，上台后只要将每天开店前要做的事重复一遍，真的会让呼吸急促成那样啊……这些疑问在我在隔年站上舞台后，瞬时就明白了。

在 15 分钟内完成 12 杯咖啡的制作并不困难，当然，要一边冲煮咖啡一边进行解说，这对我而言，也是件游刃有余的事。把杯子擦干净也是随手就可以完成的事，只是有趣的是，当我一站上舞台，视力竟然迅速退化，听力也无端受损，唯一听见的就只剩自己的心跳声，在那一刹那五感全失，有将近 30 秒的时间我大脑一片空白，等回过神之后，我发现自己只说了："Hello Judges， my name is Cuvee coffee roasting"。

15分钟的比赛是在训练比赛者的专注力，而在这15分钟里，选手所要完成的3件事分别为：

①说服评审相信选手的生命是与咖啡一起成长
②说服评审相信不喝选手的咖啡会死
③确定评审在听选手讲话

而这3件事还要围绕着比赛规则进行，因此由选手所说出来的资料可以包罗万象，听起来或许会让人觉得很庞杂，但实际上都是围绕着咖啡主题进行的，而选手则要将这些资料在15分钟内，配合每一组饮料有条理地呈现在评审面前。

第一次比赛，让我对咖啡的世界有了全新的见解，也了解到它是如何在世界三大饮品之中站稳脚步的。虽然我当时的成绩不甚理想，但这次的经验也让我兴起了有朝一日要当评审的念头。因为我想知道如何训练自己，如何从别人的角度来看待选手训练，而且我也想了解如何将味觉数字化，这些都不是只从选手的角度所能学习到的。

Chapter 6

手冲

POUR OVER

——手冲的英文是 **pour over**

意思就是倒水

通过倒水的冲力让咖啡颗粒做适当的翻滚而释放出咖啡物质

也就是煮一杯咖啡

手冲是运用最为广泛的咖啡冲煮方式之一，它只需要简单的器具就可以开始冲煮咖啡。方式上也有所谓的hand drip(滤泡)与pour over(冲煮)，虽然方式上会有些许不同，但是冲煮的过程还是都要将热水倒在滤杯里。因此，让热水均匀地黏附在咖啡颗粒上，便是制作一杯好的手冲咖啡的不二法门。在讲述手冲冲煮原理之前，让我们先介绍一下会用到的器具与选用的要点。

手冲所使用的工具

01 滤杯

之前提到的法国压有一个小缺点，就是细粉滤得不够干净，往往残留在杯中而造成不好的口感，而且金属滤网如果没有清理干净的话，往往会残留气味而影响到咖啡的风味。有鉴于清洁这件麻烦事，很久以前有一位叫 Ms. Melita 的女士，突发奇想地用滤纸类的物品来做过滤，因而就衍生出手冲咖啡的方式，而滤杯就是这种咖啡冲煮方法中最重要工具之一。

DRIPPER

滤杯

滤杯是手冲咖啡里最基本的工具，一般外形分成圆锥与三角，三角形滤杯最早被广泛使用在手冲的类型中。在本篇手冲的原理介绍中，将以三角滤杯为主来解说。

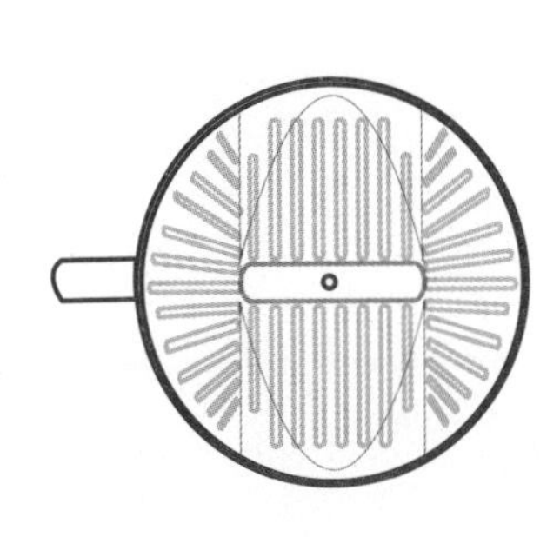
Melita

孔数

目前市面上可以找到的滤杯品牌，大致有已被广泛使用的Melita（美乐家）滤杯和来自日本的Kalita（卡利塔）滤杯，这2种最大差异就是底部孔数的不同。

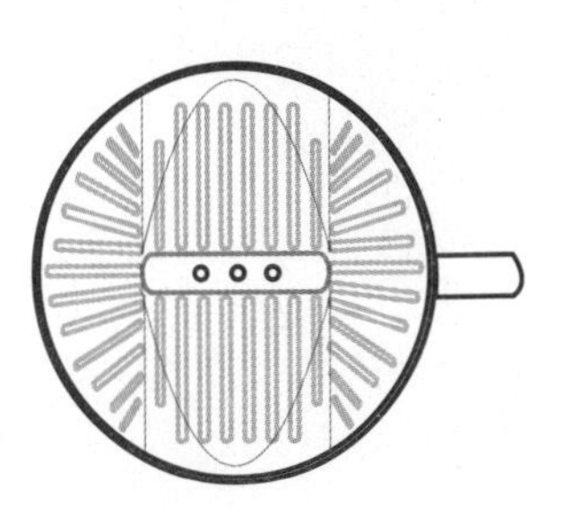
Kalita

最早Melita的底部只有一孔的设计，其缺点就是在咖啡过滤时，孔洞常会被细粉塞住，使咖啡泡在水里太久，让咖啡变得苦涩，因此针对这种滤杯，会采取一直加水的冲煮方式，目的就是希望咖啡颗粒可以一直浮在水面，但是随之而来的困扰就是咖啡颗粒长期浸泡在水中，会影响二氧化碳的排放而降低萃取率，所以之后才会衍生出三个孔的Kalita滤杯。

三个孔的Kalita滤杯

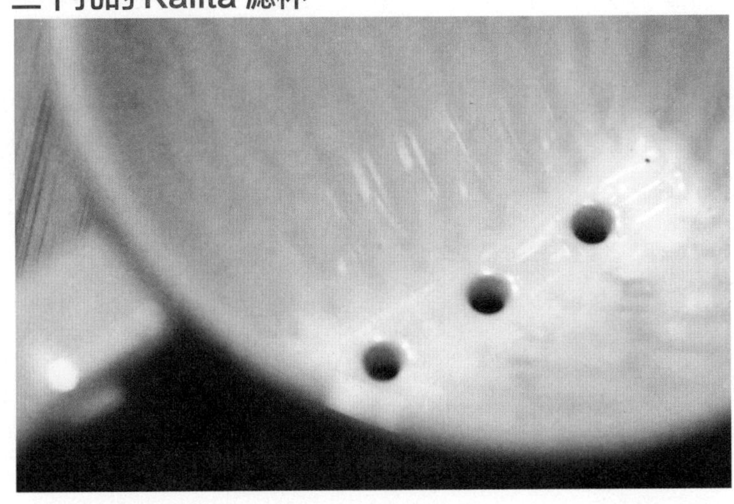

肋骨

除了孔数之外，还可以发现滤杯里有一条条突起，
我们称之为滤杯的肋骨，设置这些肋骨的主要目的，
是为了避免滤纸贴在滤杯上，
而让倒入的热水因为纤维效应，
直接沿着滤杯壁流经滤孔跑到下壶，
这么一来就无法让热水浸湿咖啡粉萃取出咖啡液，
最后会导致萃取率降低，
味道也就会薄且淡。

滴漏式的冲法原本是为了
取代使用起来比较麻烦的法兰绒

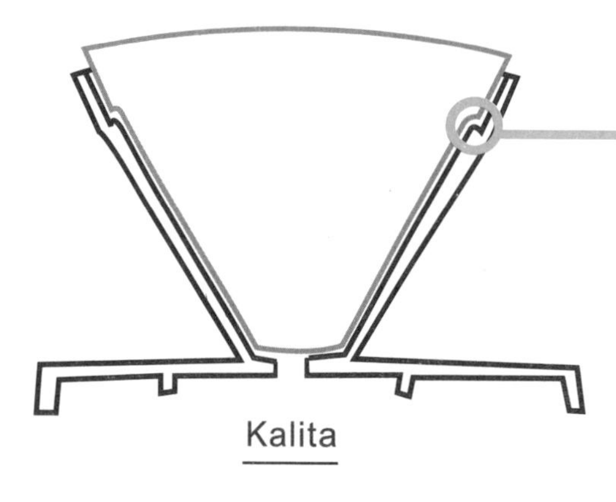

但是滤纸是易破的材料
所以需要滤杯来撑住
以防在注水时粉层倒塌
而滤纸本身就会渗透
如果完全贴在滤杯上
水就会直接透过杯壁流过滤孔
而降低萃取效率
因此滤杯上便有了肋骨的设计

可以帮助滤纸与滤杯壁拉开距离
延长咖啡颗粒浸在水里的时间

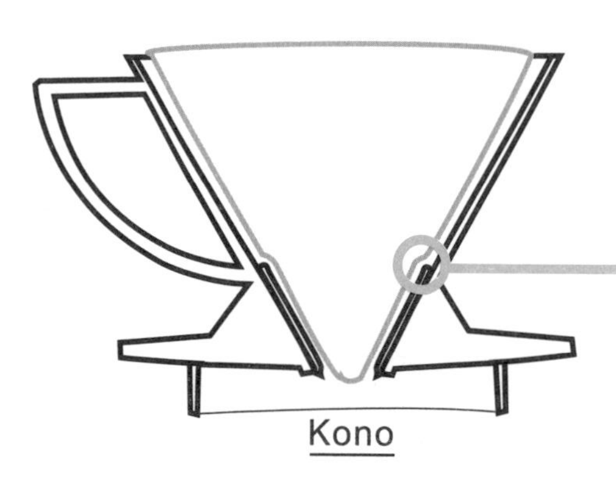

咖啡颗粒经过热水浸泡后，会排出二氧化碳，在表面就会看到很多气泡产生，而内部的颗粒则因为吸到热水而膨胀。除了通过往表面排出的路径之外，滤纸周围也是排气的路径之一。但如果滤纸紧贴着滤杯边缘，热气就无法顺利排出，这么一来底部闷住的咖啡颗粒就会受到影响，导致之后注入的补水无法被咖啡所吸收，而使得萃取量降低。

Kalita 滤杯
三孔 陶瓷
肋骨较浅

Kalita 滤杯
三孔 铜
肋骨较深且一致

巴哈滤杯
三孔 陶瓷
肋骨较深

不过滤杯的肋骨并不是深就好，因为肋骨的存在是为了便于热气排出，所以肋骨排列整齐、深度均一的滤杯才是首选。

一般市面上有陶瓷与塑料滤杯，选择时还是以肋骨的品质为重点。陶瓷在保温上是非常好的选择，但是因为陶土成型不易，往往会使肋骨深浅不一，所以反而塑料制的滤杯比较经济实惠。目前市面上又多了铜制的滤杯，铜的保温性比陶瓷好很多，而在成型上也比塑料稳定，唯一的缺点就是价格太高。因此，如果预算允许，铜滤杯是最好的选择。

了解了滤杯的功能后，下一个重要的工具就是手冲壶

从图上来看，我们要把水均匀地浇淋在咖啡表面，而且不管是上层、中层或下层的咖啡粉，都要用热水来做萃取。水流如果不够集中，水会容易停留在上方，造成某一块粉层萃取过久。

因此，如果只是一味地将热水倒到滤杯里，这动作就只能称之为浸泡咖啡，而不是冲煮咖啡。层叠在滤杯里的咖啡粉，都需要热水来加速萃取释放。如果可以在短时间内将所有咖啡颗粒泡在水里，不但可以均匀萃取出咖啡液，而且能避免颗粒过度浸泡在水里产生苦涩味！

这个时候手冲壶就是一大重点，它必须具备有以下几个条件：

条件❶ 底部宽广

底部宽广的设计有助于水压的控制，尤其在水量减少的时候，宽广的底部非常有利于稳定水压。

条件❷ 稳定的供水，不可以忽大忽小甚至间断

手冲咖啡顾名思义就是利用水柱的冲力来达到萃取的效果。稳定不间断的水柱可以让咖啡颗粒均匀地翻滚，而不会因为水柱间断而让颗粒沉淀到底部。

条件❸ 水柱的压力要够大，但不能靠大水柱来达到

水压是可以帮助滤纸里的颗粒翻滚没错，但构成水压的条件是水的冲力，并不是靠大水柱来给予冲力，因为大水柱容易造成水量过多，让咖啡颗粒排气受阻。当水柱变大时，可以拉高高度让水柱变细，这么一来就可以慢慢翻滚咖啡，也不怕水量一下子变多。

Kalita 手冲壶

这是常见的手冲壶设计，壶身是下面较宽，至顶端慢慢缩小，这样的设计可以让重量集中在底部。这样，在绕圈时，壶里的水不易晃动，集中在底部的水量也可以增加水压，通过细细的壶嘴，让倒出的水柱能具有一定的压力来冲煮咖啡，更重要的是，这样可以让水量稳定，不易间断。

月兔印

壶身并没有太大的差别，但是在壶嘴的设计上就变成由粗到细，连接壶身的地方较粗，可以接续壶身所产生的水压，就像是当我们大力挤压塑胶袋所产生空气一样。这种设计可以让壶身做两段式的加压，这么一来在倒水时就不需要大水柱也能有足够的水压冲入粉层内。

大嘴鸟

这种手冲壶是将壶嘴的部分拉宽，嘴巴末端的部分拉到像鸟嘴一样，这样可以让水压加大，光是细细的水柱就可以产生足够的冲力，达到萃取咖啡颗粒的需求。但也因为嘴身很大，而使得这种手冲壶不适合做摇晃壶身的动作；让其稳定地提供小水柱是最初设计的重点。

滤纸

手冲用的滤纸一般分为漂白与非漂白，就是一般在市面上常见的白色与褐色的，形状则针对滤杯分为锥形与梯形 2 种。

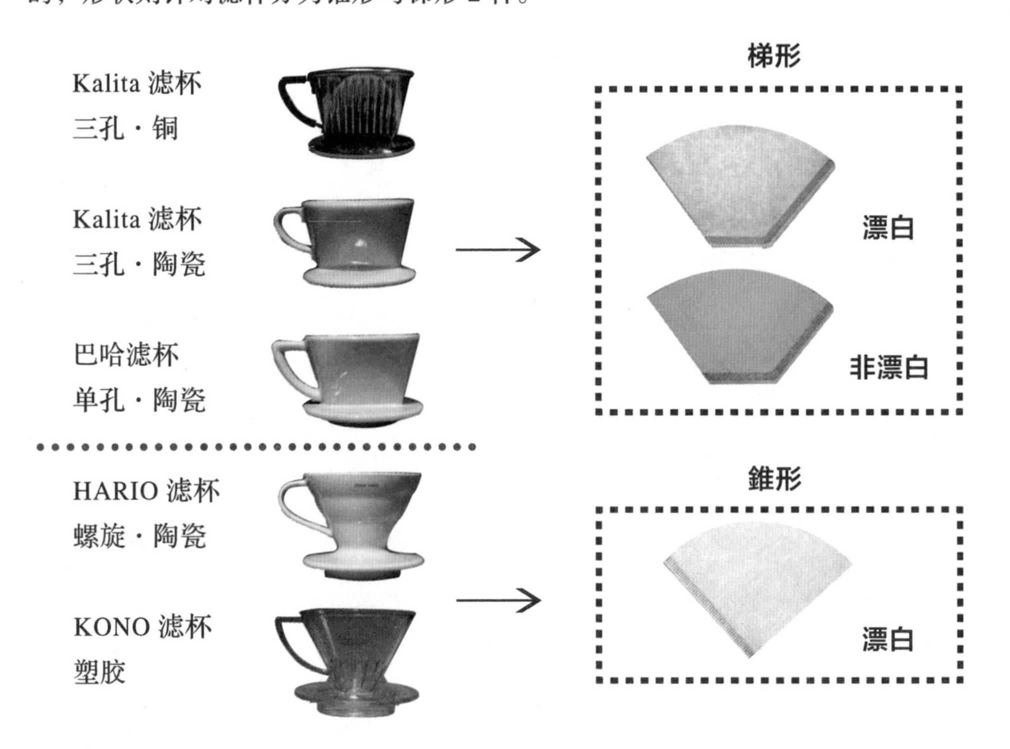

滤纸常见的问题，就是在冲煮之前是否要用热水浸泡一次。是否需要浸泡，重点在于滤纸待在空气中的时间长短。暴露在空气中越长，它吸到的水汽会越多，纸浆的味道也就会比较明显，这也是为什么我们常看到有人会先将滤纸浸到热水里，等热水沥干后再开始做冲煮。如果我们所使用的滤纸替换率很高，也就不一定要先泡热水了。

折纸

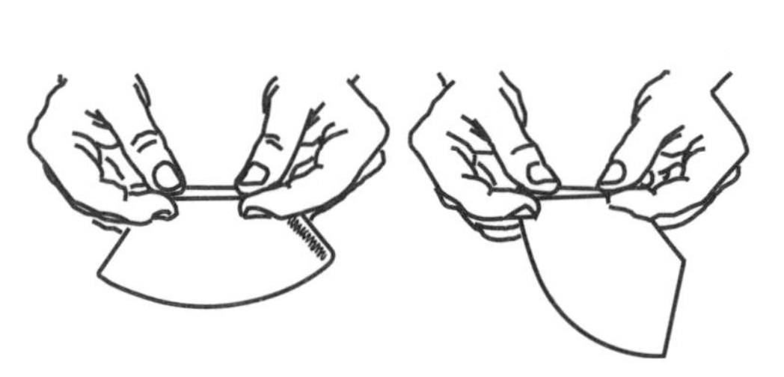

滤纸在使用前需要沿着封口边做对折，目的是要让滤纸可以贴合滤杯的内部，这样在冲煮过程中，才不会因为滤纸变形而影响到给水的均衡。

原理概述

介绍完器具后，让我们一同来了解原理。

每一种冲煮咖啡的方式，重点一直都在于让咖啡粉平均释放出精华。而就手冲咖啡而言，就是要让在滤杯里的咖啡粉可以均匀地浸泡到热水，而同时，还必须要注意避免底层咖啡粉堵塞，而最佳的状态就如右图，所有的咖啡粉都在最上层，当所有的咖啡颗粒都浮在上方时，底部就会产生一个过滤层。

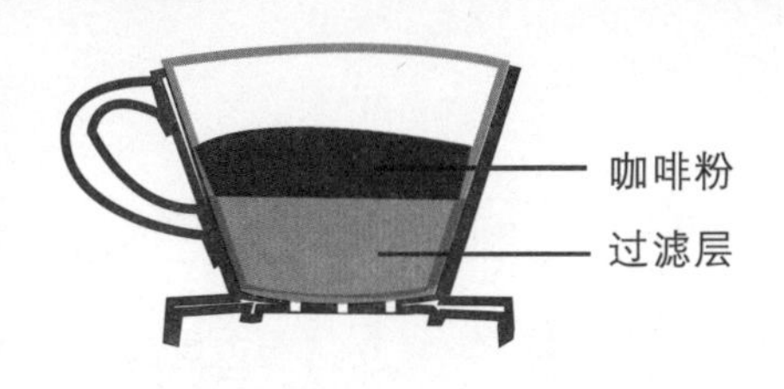

相信大家一定都有冲泡奶粉的经验，粉状的东西如果一股脑儿都丢进热水里，一定很容易就会结成一块。为了避免这种情况发生，我们会先用少量热水，或者搅拌一下，让其可以均匀地与热水结合。当然咖啡粉在滤杯里也会遇到相同的情况，因此手冲的基本要件，就是如何让热水在最早的时间冲到底部，让所有咖啡粉都浮在表面。

当咖啡粉都浮在水面时，滤杯底部会形成一个过滤层，这个过滤层的高度要配合咖啡颗粒排气的状况来慢慢增加。过多水量会让颗粒变重，沉到底部，使咖啡颗粒无法释放，也就无法萃取。所以，每一次都必须依颗粒排气的状况适当地加入热水。

通过手冲练习归纳出以下 2 个重点：

① 如何让热水在最快的时间达到咖啡粉层底部。

② 加热水的时间点判断。

手冲壶的基本练习

从第一点

“如何让热水在最快的时间达到咖啡粉层底部”

我们先练习倒水的重点，要让热水可以冲到底部，水柱是一大重点，因此才会有手冲壶的产生，使用手冲壶时可以先练习以下的倒水练习。

手冲咖啡重点不在于“冲”，而是手冲壶的水柱对于咖啡的对应关系，重点在于水柱的品质，这才是咖啡萃取的关键。手冲咖啡的水柱应该是细长而平稳的，这么一来水柱才可以在颗粒表面均匀给水，而水柱的品质好坏则取决于握手冲壶的方式。

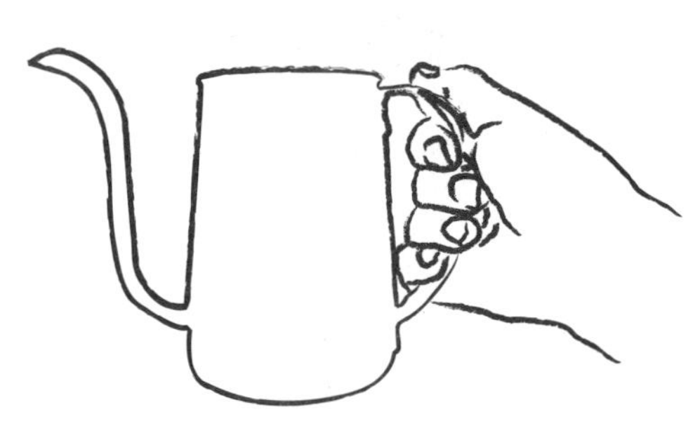

握法

用四指握住把手，以扣住不滑落为原则，接着将姆指轻压在把手上，按压位置应接近食指位置。接近壶身反而影响手腕的活动范围，手腕滑动一旦受限，就很容易造成水柱的间断。

使用手腕部分来控制倒水。将水倒出时，将手腕慢慢往前、往下，随着手冲壶的重量往下放，让水倒出来。

控制水柱

如果要以小水柱为主，请将握的地方接近把手上方。

如果要将水柱控制范围扩大，可以握下面一点。

水柱品质

水柱过小、过大

水柱过小或过大都会让颗粒在接触热水时出现分布不均匀的情况，过大容易冲散咖啡粉，过小水容易沉积在表面。

水柱适当

水柱压力最大的角度是水柱与壶嘴呈90°，这样可以让水压达到最大。

注水练习

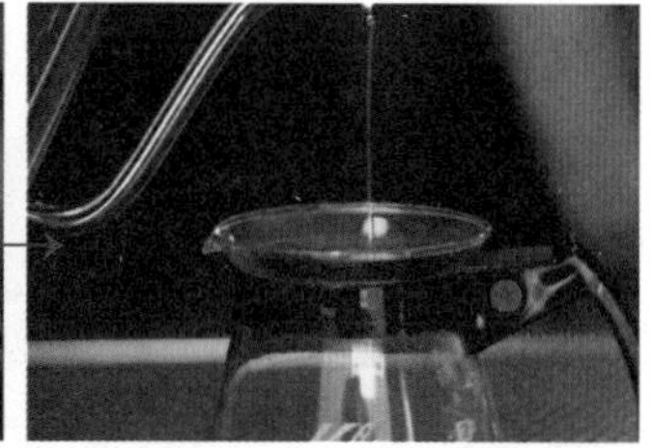

平移画圈

当水柱与壶嘴达到 90° 时，请维持手腕的角度，开始做平移画圆的动作，保持同样的水量，直至倒入壶中水量低于一半为止。这个练习有助于提供稳定的水压，以及保持颗粒翻滚的稳定。

圆汤匙练习

进阶的倒水练习，可以拿一支汤匙架在咖啡壶上方，先将水柱倒在汤匙中间，控制高度让汤匙中间没有气泡产生，一直倒到水只剩一半为止。这个练习是为了让自己可以控制高度。随着水量减少，要调整高度以避免水柱冲击大而产生泡泡。

绕汤匙

当圆汤匙练习熟练后，请将水柱开始围绕着汤匙边缘，练习保持水柱稳定。

冲水是要增加颗粒在浸泡过程中的翻滚来提高萃取率。在水中久了，颗粒都会变重。如果水的冲力不增加，颗粒滚动不够，萃取就会不完整，口感层次也会不好。

开始冲煮

水温

水温要适当

一开始建议用 90℃的热水

温度偏低可以延缓咖啡释放，但是延缓释放也意味着萃取变慢，对于泡在水里的咖啡，就容易产生涩味。

闷蒸

01 闷蒸要适当

闷蒸的主要意义在让干枯的颗粒可以适当地展开，接着再用水柱让颗粒翻滚来做萃取。而研磨出来的咖啡颗粒本来就大小不一，要是闷蒸有问题的话，就会直接影响到接下来的萃取。好的闷蒸需要包含几个条件：

给水要均匀

给水要均匀是指滤纸内的咖啡颗粒都要均匀地吃到热水，但是如果仔细看，我们会发现最厚的粉层都在中间。

因此热水如果只是在表面，那么下层的颗粒将不会吃到足够的水分，而紧接着的补水，也会只是一直在冲刷表层咖啡颗粒而已。当热水到达底层时，表层颗粒恐怕已经过萃了。

开始闷蒸时，只要将热水集中在中心大约一元硬币大小即可。

要放水不要冲水

手冲壶是以提供足够的压力作为设计理念，利用水压来让咖啡颗粒充分翻滚，但是要让咖啡颗粒在滤杯里翻滚，前提还是要让颗粒都能吃水均匀。手冲咖啡在萃取结束前，咖啡颗粒会一直浸泡在水中，其重量要一样，才能在水中均匀翻滚。要让颗粒可以重量相同，在闷蒸时就要避免“冲”到咖啡，而是要将水一层一层地铺在粉层上。

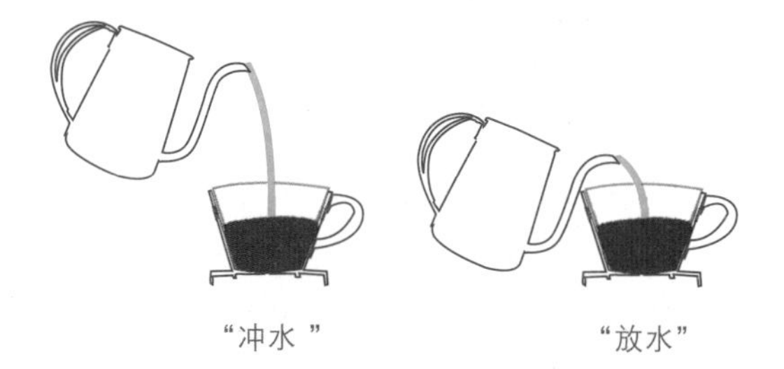

“放水”的方式是将水柱的缩短，壶太高的话水柱会因为重力而只集中在某一些区域甚至某几个咖啡颗粒上，如此一来咖啡颗粒就容易吃水不均。

02 闷蒸的水量

闷蒸的水量还是以粉量：水 =1 ： 1 为原则，过多水量在闷蒸时会让颗粒吸太多水，而造成咖啡释放过快，导致萃取过快，所以在 1 ： 1 的原则之下，可以先练习把闷蒸水量少放，并将闷蒸的范围先固定在一元硬币大小，完成后只要等着膨胀的过程结束即可。

在烘干过程中，会将整颗咖啡豆内部的水分均匀萃取出来，因此咖啡豆原本储水的空间会因为水分蒸发而被压缩。在闷蒸时，因为热水被咖啡颗粒吸收，所以原本压缩的空间就会因为热水而慢慢膨胀到原本的大小。

闷蒸的时间

烘焙过后的咖啡，遇热水后会膨胀，膨胀是因为遇热水后所产生的二氧化碳让咖啡颗粒胀大，所以当膨胀停止时，就表示气体释放完成，同时也意味着闷蒸完成。

膨胀未完成而开始注水

会让正在排气的颗粒受到水柱的压力，而让接下来的热水无法进入咖啡颗粒里，所以在冲水时，水会停留在颗粒表面而无法做深层萃取，导致咖啡颗粒表面重复萃取过久而变得苦涩。

闷蒸时间过长

等到膨胀完全静止后，就代表着咖啡颗粒空间活动停止。静止的空间对于接下来注入的热水无法马上反应，停滞的空间泡在水里无法吸水也无法释放，萃取率会下降很多，这样除了味道单薄外，也容易带苦味。

萃取

01 闷蒸完成后的第一次冲水

闷蒸时将范围限制在一元硬币大小，主要是因为中间的粉层是最厚的，所以要确保颗粒可以均匀吃到热水。而接下来的水量也不可以偏多，因为这时候更要将加水的区域维持在原来的闷蒸范围，同样地将水柱从中间注入，慢慢地往外绕。期间可以看到一堆泡泡冒出，这是颗粒排气的证据。热水加到泡泡蔓延出来后就可以停止。

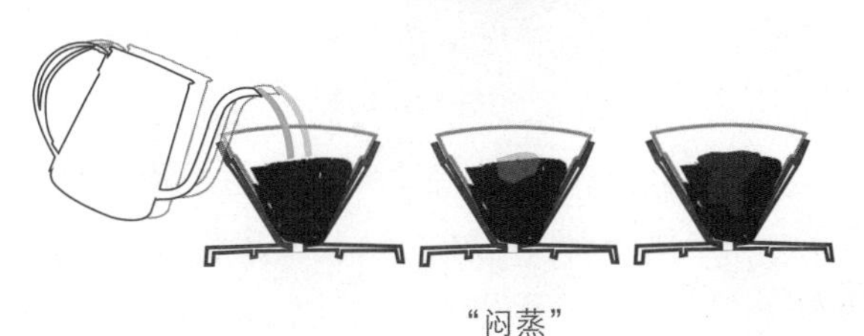

“闷蒸”

“闷蒸后第一次加水”

旺盛的泡泡代表着咖啡颗粒空间的恢复，所以冒泡越旺盛，空间也会恢复得越好，完整的空间恢复也表示热水将更多浸入颗粒内部，萃取率相对地也会提高。停止第一次加水后，接下来第二次加水，就必须等到泡泡停止冒出才可以开始。一方面是为了让排气顺畅，另一方面要是提早加水的话，反而会让排气因水压而堵塞住。

02 接下来的加水

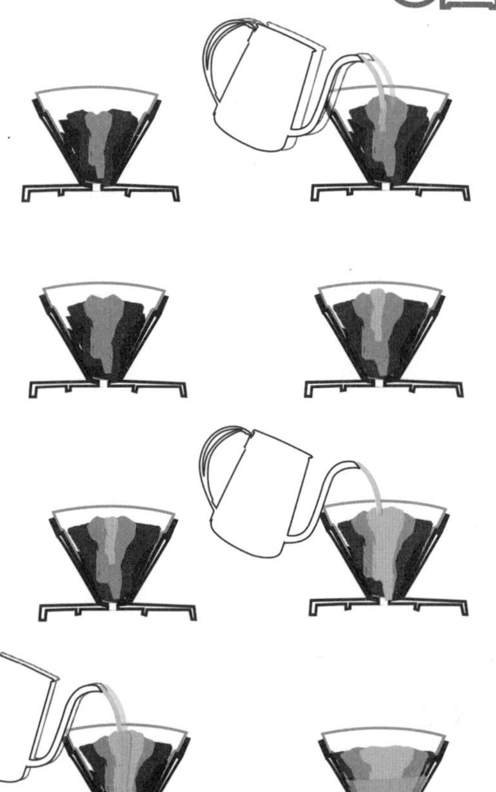

第三次加水时，就要注意水位下降的情况，也就是排气的完整度。从闷蒸到第二次加水，我们一直都控制在适当的水量，让水不要过多而导致咖啡颗粒还没排气就浸泡在水中，因此在确认滤纸内的颗粒都均匀吃水之前，水量都不宜过多。

第三次补水的范围还是从中间开始，然后以顺时针慢慢往外绕圆浇淋，在绕圈过程中请勿急躁，将热水切实地注入粉层才是重点。

之后的注水方式都是一样，一直到气泡占满表面，那就表示大部分的颗粒都已经充分吃水，接下来就是要加大水量开始稀释。

03 咖啡豆的排气与冲煮

在闷蒸与第一次注水的过程中，应该会发现颗粒发出绵密的泡泡且时大时小，相当不规则，这些气泡其实就是代表着咖啡在呼吸，也就是释放。

咖啡是将原本含水的生豆经由烘焙，慢慢地一点一滴将水分均匀抽出。水分被抽出后，原本的空间自然会被压缩，接着到裂开，热度会经由裂开的地方再抽取水分，最后则以焙度深浅决定下豆时间。

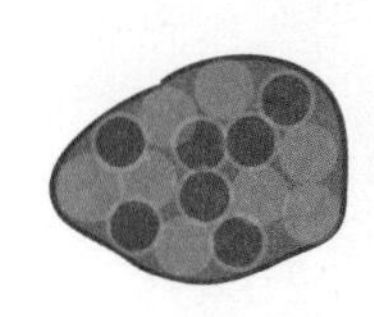

水
空气
杂质

当颗粒遇到热水时，这些原本干枯的部分，会因为热水而活化起来，在膨胀的过程里，就会推挤原本的空间而释放出气体，这就是气泡的来源。

咖啡除了吸到热水之外，在空气中也会吸入二氧化碳而慢慢膨胀，因此有时我们会看到咖啡袋子慢慢膨起来，就是这个原因。所以，不难想到咖啡放得越久，排气就会变缓慢。

气体释放期间是咖啡颗粒吸入热水的证明，气泡排放越多表示空间恢复越完整，同时热水也更能进入颗粒内部，达到高萃取率的基本条件。

从气泡产生的原因就不难得知，在闷蒸第一次冲水后，必须要等到水位下降到快底部时，再开始注第二次水。

闷蒸第一次注水一定会产生更多的气泡，大量的排气是空间恢复的证明，所以要是在排气结束前就补水的话，反而会压抑了排气的过程。因此让水位降到接近底部，可以确保排气过程完整，也让空间恢复到最佳。

04 咖啡墙

在增加热水的过程中，滤纸周围的咖啡颗粒会慢慢升高，这个时候颗粒因排气而带出的杂质会吸附在滤纸上，这样就形成所谓的咖啡墙。

咖啡墙的品质会影响萃取率，原因是在滤纸上附着越密集，越会让水因为两侧的密度高而必须从滤杯底部过滤，这么一来咖啡就能得到足够的萃取。

一旦超过咖啡墙，水就会溢出，沿着滤纸外围流到下壶，这样则会在萃取结束前让多加的水稀释了咖啡。

咖啡墙需要的不是厚度，而是咖啡颗粒排气过程中所带出的杂质量，排出的杂质越多自然会黏附越多在滤纸上，而黏附在滤纸的杂质就会变相地塞住滤纸，让萃取的速度变慢，导致咖啡在热水中的时间变得更久，萃取率因而增加。

另外，滤纸的水位下降速度会随着加水次数而慢慢变慢，这也是在告诉我们排放出的杂质量在不断增加，也等于是一直将咖啡粉中的物质释放到水里。

咖啡墙、水量、时间点

[等水位快到底部，就可以开始加水，直到咖啡墙的高度]

咖啡会因为吸取二氧化碳而随着时间慢慢膨胀，所以第二次的加水时间点，也会根据排气状况可以有所提早。

排气旺盛

当排气旺盛时，加水时间点就是要等到水位下降到底部，确定排气完整后再加水。

排气不旺盛

排气较少的豆子，加水的时间点就要早一点，萃取水柱变小就可以加水。

06 萃取量

在一开始提到过粉量和萃取量的比例大约是在 1 ： 20，但那是指最大的萃取量，因此要是做到 1 ： 20 时，咖啡的味道相对也会变淡许多。

从闷蒸开始，咖啡颗粒就会开始吸收热水再排气。大约再加第二次至第三次热水时，就会发现开始有咖啡从滤杯萃取出来。在所有颗粒都吃到水时，萃取差不多就已经结束了，接着的加水动作只是为了调节咖啡的浓度。

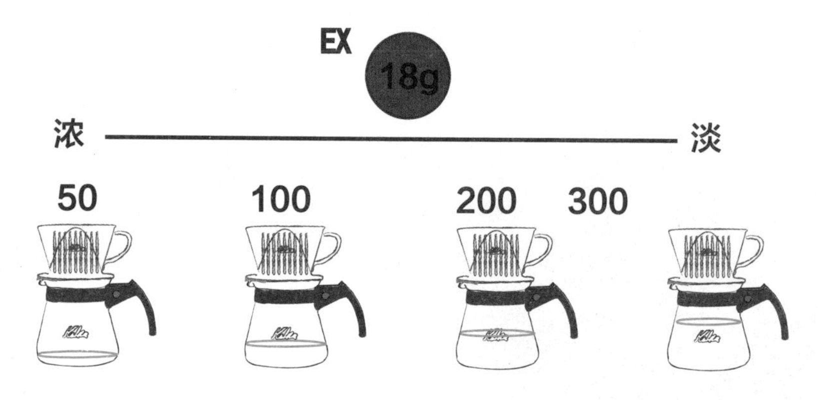

在针对一个陌生的配方或是单品做冲煮时，可以用 3 种不同的萃取量来作为参考，1 ： 20 的比例适用于大部分的咖啡，但是不见得适用于所有的咖啡豆，因此建议在一开始时可以先从 1 ： 15 进行萃取，然后慢慢往上增加萃取量，一直找到适合的浓度。

图书在版编目（CIP）数据

究极咖啡：专业咖啡师的必修课 / 丑小鸭咖啡师训练中心编著. -- 青岛：青岛出版社，2015.12
ISBN 978-7-5552-3238-4

Ⅰ. ①究… Ⅱ. ①丑… Ⅲ. ①咖啡－配制 Ⅳ. ①TS273

中国版本图书馆CIP数据核字（2015）第279679号

JIUJI KAFEI: ZHUANYE KAFEISHI DE BIXIUKE
书　　名　**究极咖啡：专业咖啡师的必修课**
编　　著　丑小鸭咖啡师训练中心
出版发行　青岛出版社
社　　址　青岛市崂山区海尔路 182 号（266061）
本社网址　http://www.qdpub.com
邮购电话　0532-68068091
责任编辑　贺　林
装帧设计　张　骏
设计制作　张　骏
制　　版　青岛乐喜力科技发展有限公司
印　　刷　青岛乐喜力科技发展有限公司
出版日期　2016 年 4 月第 1 版　2025年 3月第 11次印刷
开　　本　16 开（710 毫米 × 1010 毫米）
印　　张　10
字　　数　150 千
图　　数　430
书　　号　ISBN 978-7-5552-3238-4
定　　价　36.00 元

编校印装质量、盗版监督服务电话：4006532017　0532-68068050
本书建议陈列类别：生活类　饮品类　咖啡

“丑小鸭”是一个整合咖啡资源的训练中心。从一颗豆子，到一杯咖啡，在这里你都可以找到你所需要的专业知识与训练。

虽然食物饮料会因个人喜好而产生主客观因素，但要达到好吃好喝还是有一定的标准，这也是“丑小鸭训练中心”的强项——系统化训练。

在国外专研Espresso & Latte Art的这条路上也算是累积了许多的经验与收获！纵观现在的情况，意式咖啡的训练是可以更具有完整性及系统化的，甚至可通过完整的训练体系让热爱咖啡的人在国际舞台上发光发热。

就像丑小鸭一样，大家都有成为美丽天鹅的无穷潜力！我们有信心，经过“丑小鸭”的训练之后，你会——从爱喝到会喝，从品尝到鉴定，从玩家到专家，从业余到职业。

丑小鸭手冲咖啡二维码视频

丑小鸭咖啡之
匠心器具

丑小鸭咖啡之
浅焙手冲

丑小鸭咖啡之
三洋滤杯

丑小鸭咖啡之
深焙手冲

丑小鸭咖啡之
手冲咖啡示范 1

丑小鸭咖啡之
手冲咖啡示范 2